BABY CARE

0~3岁婴幼儿家庭养育照护指导手册

牛婷婷　樊云井　主编

山东科学技术出版社
·济南·

图书在版编目（CIP）数据

0~3 岁婴幼儿家庭养育照护指导手册 / 牛婷婷，樊云井主编. -- 济南：山东科学技术出版社，2020.11（2022.11 重印）

ISBN 978-7-5723-0685-3

Ⅰ. ① 0… Ⅱ. ①牛… ②樊… Ⅲ. ①婴幼儿－哺育－手册 Ⅳ. ① TS976.31-62

中国版本图书馆 CIP 数据核字 (2020) 第 167638 号

0~3 岁婴幼儿家庭养育照护指导手册

0-3 SUI YINGYOUER JIATING YANGYU ZHAOHU ZHIDAO SHOUCE

责任编辑：吴英华

装帧设计：侯　宇

主管单位：山东出版传媒股份有限公司

出 版 者：山东科学技术出版社

地址：济南市市中区舜耕路 517 号

邮编：250003　电话：（0531）82098088

网址：www.lkj.com.cn

电子邮件：sdkj@sdcbcm.com

发 行 者：山东科学技术出版社

地址：济南市市中区舜耕路 517 号

邮编：250003　电话：（0531）82098067

印 刷 者：山东彩峰印刷股份有限公司

地址：潍坊市潍城经济开发区玉清西街 7887 号

邮编：261031　电话：（0536）8216157

规格： 32 开（143 mm × 210 mm）

印张： 4.25　**字数：** 102 千　**印数：** 23 001~26 000

版次： 2020 年 11 月第 1 版　**印次：** 2022 年 11 月第 3 次印刷

定价： 28.00 元

编委会

主任委员 梁开诚 郑世存

委　　员 崔学状 王庆刚 许春华 樊云井

赵拥军 肖江苏 马菲菲

主　　编 牛婷婷 樊云井

副 主 编 周凤荣 张立琴 江 威

编　　委（按姓氏拼音排序）

丁丽丽 冯展霞 贾 佳 李 音 李玉芬

刘明花 齐应馨 桑建瑜 王红娟 王 静

徐小娟 张建营 张婷婷 张 艳 赵彩红

周 倩

前言

孩子健康成长是爸爸妈妈最大的心愿，更是每个家庭的希望。进入 21 世纪以来，儿童保健进入了一个全新的阶段，强调以早期健康发展为主，以提高儿童身心素质为重点。而良好的养育照护为儿童早期健康发展提供了最重要的成长环境和条件，并对儿童的今后成长产生重要影响。

0 ～ 3 岁婴幼儿健康发展的决定因素包括充足的营养、各种儿童疾病的预防、免疫接种、保健和良好习惯的形成、父母（看护人）与孩子之间高质量的互动、大量的感觉运动神经和语言刺激，以及充分游戏和探索的机会。良好的养育照护是父母（看护人）在同婴幼儿共同生活的过程中，为婴幼儿提供喂养、照料、陪伴，以及玩耍、交流和学习的条件等，从而保障和促进婴幼儿健康成长。

本书以年龄为主线，从体格发育、神经心理发育、营养、睡眠、日常护理、预防接种、亲子游戏、常见问题解析等方面，采用图文并茂、通俗易懂的方式编写，旨在将最核心的知识传授给父母（看护人），帮助父母（看护人）树立积极的养育观念，在充分解读不同年龄段婴幼儿发育特点的基础上，为婴幼儿创造良好的成长环境，主动地支持和培育婴幼儿身心健康成长。同时，本书也把儿保科医生在门诊经常遇到的、家长关心的育儿问题和养育误区，如缺钙、湿疹、贫血等常见病以及说话晚、打人、咬人等行为问题，进行了汇总及解答。

我们认为本书是儿童养育照护方面很好的信息来源，希望本书可以成为广大父母（看护人）的良师益友。我们鼓励广大父母（看护人）在使用本书的同时，也要结合儿保科医生和儿科医生的建议，因为他们可以提供更加具体且有针对性的指导和帮助。

感谢许淳瑄小朋友为本书作画。

不当之处，请各位读者批评指正。

编者

2020 年 10 月

目录

目录

PART 1
生长发育规律及评价

第一章 体格生长

一、体格生长规律

生长是指身体各器官、系统的长大和形态变化；发育是指细胞、组织和器官的分化完善与功能上的成熟。二者密切相关，生长是发育的物质基础，而发育成熟状况又反映在生长的量的变化上。从受孕开始，生命就形成了。宝宝的生长和发育贯穿胎儿和儿童期的全过程，体格生长有着其独特的规律。

（一）生长发育是连续的、有阶段性的过程

从出生到长大成人，儿童体格生长是一个连续的过程，生长速度呈阶段式。例如，出生后第一年体重和身长的增加很迅速，尤其是前三个月。第一年是出生后的第一个生长高峰，第二年开始生长速度趋于稳定，到了青春期又加快，出现第二个生长高峰。

（二）各系统器官发育不平衡

各系统器官发育不平衡，比如神经系统发育较早，生殖系统在青春期前处于静止状态，进入青春期才迅速发育。

（三）生长的程序性

生长发育遵循由上到下、由近到远、由粗到细、由低级到高级、由简单到复杂的规律。如出生后运动发育的规律：先抬头，后挺胸，然后

会坐、立、行（由上到下）；四肢从臂到手，从腿到脚地活动（由近到远）；手部从用全掌抓握到用手指拾取（由粗到细）；先画直线，后画圈（由简单到复杂）。如认知的发育规律：从会看、听、感觉事物，认识事物，发展到有记忆和思维，会分析和判断（由低级到高级）。

（四）生长发育的个体差异

儿童体格生长受遗传与环境的影响，存在个体差异。同性别、同年龄的儿童中，每个人的生长水平、生长速度、体型都不完全相同，因此家长要避免简单地将孩子的生长数据与“正常值”或其他儿童作比较。

二、体格生长评价

（一）体格生长评价常用指标

通常我们用体重、身高（身长）、坐高、头围、胸围这五个指标来评价宝宝的生长是否正常。

体重	体重是身体各部分重量的总和，主要反映近期营养状况，也是评价儿童生长状况的最重要的指标之一。体重受营养、辅食添加、疾病等多种因素的影响。新生儿出生后前几天，由于水分丢失过多，摄入少，会出现“生理性体重下降”，体重多在生后 3 ~ 4 天达最低点，生后 7 ~ 10 天恢复到出生时体重。家长不必过于担心，这是正常的生理现象。下降的体重一般不会超过出生时体重的 7% ~ 10%。体重在生后前 3 个月增长最快，一般每月增长 0.6 ~ 1 kg，生后第 1 个月增长 1 ~ 1.7 kg。3 ~ 6 个月每月平均增加 0.6 ~ 0.8 kg。1 岁以内是体重增加最快速的时期，即所谓的“第一个生长高峰”。1 岁时体重约为出生体重的 3 倍，2 岁时约为出生体重的 4 倍，2 岁至青春期前期体重（kg）= 8+ 年龄（岁）×2

身高（身长）	身高（身长）是指头顶到足底的长度，代表头、脊柱与下肢长度的总和，主要反映长期营养状况。身高（身长）同体重一样，在生后第一年增长最快。3 岁以内，婴幼儿立位测量不准确，需要仰卧位测量，称为身长；3 岁以后立位测量，称为身高。身高（身长）的简单估算（仅供参考）：出生时约为 50 cm，1 岁时约为 75 cm，2 岁时约为 85 cm，2 ~ 12 岁身高（cm）=75+ 年龄（岁）×7
坐高	坐高是指由头顶到坐骨结节的高度。3 岁以内取卧位测量，称顶臀长，代表头颅和脊柱的发育程度。坐高 / 身高（身长）随年龄增长而下降，出生时约为 0.67，14 岁时约为 0.53
头围	头围是自眉弓上缘经枕骨结节绕头一周的长度，反映脑和颅骨的发育程度。头围的测量在 2 岁内最有价值。出生时头围平均 33 ~ 34 cm，6 个月时 43 ~ 44 cm，1 岁时 46 cm，2 岁时 48 cm，5 岁时 50 cm，15 岁时 54 ~ 58 cm 基本同成人
胸围	胸围是自乳头下缘经肩胛下缘绕胸一周的长度。出生时，胸围小于头围；随着月龄的增长，胸围逐渐赶上头围；到 1 岁左右，胸围与头围相等

（二）体格生长评价内容

评价宝宝体格生长是否正常的依据，包括生长水平、生长速度和匀称程度三个方面。

1. 生长水平

对体重、身高（身长）、头围、胸围、坐高等进行横断面测定评价，即将孩子在某一时间段的某一项体格生长发育测量值与正常人群参考值相比较。如果孩子的某一测量值大于或小于正常人群测量参考值的最高或最低标准，父母就应该及时带孩子到医院和医生一起寻找原因，以便进行合理的干预治疗。

2. 生长速度

每次对小儿的体重、身高（身长）等测量后，要进行动态纵向观察（生长监测），看其每月生长发育是否正常。这种连续纵向的测量观察，可以使家长获取孩子的生长轨迹，及时发现生长偏离（增长过快、过慢或不增长）情况，尽早采取干预措施。

3. 匀称程度

对小儿体重、身高（身长）等各项数据之间的关系进行评估。比如：医生通过对小儿的坐高与身高（身长）的比值进行评估，可以看出小儿下肢的发育是否正常，以此评价小儿的身材发育是否匀称。

（三）体格生长常用评价方法及结果表达

目前通常采用 WHO 推荐的评价儿童营养状况的三项主要指标——年龄别体重（W/A）、年龄别身高（H/A）、身高别体重（W/H），可以综合反映儿童近期和远期营养状况。常用的评价方法有均值离差法、百分位数法、指数法、曲线图法，其中百分位数法和曲线图法适合家庭使用。

1. 百分位数法

P50th 是同年龄段的均值，P3rd 是同年龄段的第 3 百分位数，P97th 是同年龄段的第 97 百分位数，P3rd ~ P97th 属于正常范围。

2. 曲线图法

生长发育曲线图是将同性别、各年龄组儿童体重或身高（身长）的数值标在坐标纸上而绘制的图，能直观地观察儿童生长水平、速度和趋势，适合长期观察儿童生长发育的状况。

0~18 岁儿童青少年身高、体重百分位数值表（男）

年龄	3rd		10th		25th		50th		75th		90th		97th	
	身高（cm）	体重（kg）	身高（cm）	体重（kg）	身高（cm）	体重（kg）	身高（cm）	体重（kg）	身高（cm）	体重（kg）	身高（cm）	体重（kg）	身高（cm）	体重（kg）
出生	47.1	2.62	48.1	2.83	49.2	3.06	50.4	3.32	51.6	3.59	52.7	3.85	53.8	4.12
2月	54.6	4.53	55.9	4.88	57.2	5.25	58.7	5.68	60.3	6.15	61.7	6.59	63.0	7.05
4月	60.3	5.90	61.7	6.43	63.0	6.90	64.6	7.45	66.2	8.04	67.6	8.61	69.0	9.20
6月	64.0	6.80	65.4	7.28	66.8	7.80	68.4	8.41	70.0	9.07	71.5	9.70	73.0	10.37
9月	67.9	7.56	69.4	8.09	70.9	8.66	72.6	9.33	74.4	10.06	75.9	10.75	77.5	11.49
12月	71.5	8.16	73.1	8.72	74.7	9.33	76.5	10.05	78.4	10.83	80.1	11.58	81.8	12.37
15月	74.4	8.68	76.1	9.27	77.8	9.91	79.8	10.68	81.8	11.51	83.6	12.30	85.4	13.15
18月	76.9	9.19	78.7	9.81	80.6	10.48	82.7	11.29	84.8	12.16	86.7	13.01	88.7	13.90
21月	79.5	9.71	81.4	10.37	83.4	11.08	85.6	11.93	87.9	12.86	90.0	13.75	92.0	14.70
2岁	82.1	10.22	84.1	10.90	86.2	11.65	88.5	12.54	90.9	13.51	93.1	14.46	95.3	15.46
2.5岁	86.4	11.11	88.6	11.85	90.8	12.66	93.3	13.64	95.9	14.70	98.2	15.73	100.5	16.83
3岁	89.7	11.94	91.9	12.74	94.2	13.61	96.8	14.65	99.4	15.80	101.8	16.92	104.1	18.12
3.5岁	93.4	12.73	95.7	13.58	98.0	14.51	100.6	15.63	103.2	16.86	105.7	18.08	108.1	19.38
4岁	96.7	13.52	99.1	14.43	101.4	15.43	104.1	16.64	106.9	17.98	109.3	19.29	111.8	20.71
4.5岁	100.0	14.37	102.4	15.35	104.9	16.43	107.7	17.75	110.5	19.22	113.1	20.67	115.7	22.24
5岁	103.3	15.26	105.8	16.33	108.4	17.52	111.3	18.98	114.2	20.61	116.9	22.23	119.6	24.00
5.5岁	106.4	16.09	109.0	17.26	111.7	18.56	114.7	20.18	117.7	21.98	120.5	23.81	123.3	25.81
6岁	109.1	16.80	111.8	18.06	114.6	19.49	117.7	21.26	120.9	23.26	123.7	25.29	126.6	27.55
6.5岁	111.7	17.53	114.5	18.92	117.4	20.49	120.7	22.45	123.9	24.70	126.9	27.00	129.9	29.57
7岁	114.6	18.48	117.6	20.04	120.6	21.81	124.0	24.06	127.4	26.66	130.5	29.35	133.7	32.41
7.5岁	117.4	19.43	120.5	21.17	123.6	23.16	127.1	25.72	130.7	28.70	133.9	31.84	137.2	35.45
8岁	119.9	20.32	123.1	22.24	126.3	24.46	130.0	27.33	133.7	30.71	137.1	34.31	140.4	38.49
8.5岁	122.3	21.18	125.6	23.28	129.0	25.73	132.7	28.91	136.6	32.69	140.1	36.74	143.6	41.49
9岁	124.6	22.04	128.0	24.31	131.4	26.98	135.4	30.46	139.3	34.61	142.9	39.08	146.5	44.35
9.5岁	126.7	22.95	130.3	25.42	133.9	28.31	137.9	32.09	142.0	36.61	145.7	41.49	149.4	47.24
10岁	128.7	23.89	132.3	26.55	136.0	29.66	140.2	33.74	144.4	38.61	148.2	43.85	152.0	50.01
10.5岁	130.7	24.96	134.5	27.83	138.3	31.20	142.6	35.58	147.0	40.81	150.9	46.40	154.9	52.93
11岁	132.9	26.21	136.8	29.33	140.8	32.97	145.3	37.69	149.9	43.27	154.0	49.20	158.1	56.07
11.5岁	135.3	27.59	139.5	30.97	143.7	34.91	148.4	39.98	153.1	45.94	157.4	52.21	161.7	59.40
12岁	138.1	29.09	142.5	32.77	147.0	37.03	151.9	42.49	157.0	48.80	161.5	55.50	166.0	63.04
12.5岁	141.1	30.74	145.7	34.71	150.4	39.29	155.6	45.13	160.8	51.89	165.5	58.90	170.2	66.81
13岁	145.0	32.82	149.6	37.04	154.3	41.90	159.5	48.08	164.8	55.21	169.5	62.57	174.2	70.83
13.5岁	148.8	35.03	153.3	39.42	157.9	44.45	163.0	50.85	168.1	58.21	172.7	65.80	177.2	74.33
14岁	152.3	37.36	156.7	41.80	161.0	46.90	165.9	53.37	170.7	60.83	175.1	68.53	179.4	77.20
14.5岁	155.3	39.53	159.4	43.94	163.6	49.00	168.2	55.43	172.8	62.86	176.9	70.55	181.0	79.24
15岁	157.5	41.43	161.4	45.77	165.4	50.75	169.8	57.08	174.2	64.40	178.2	72.00	182.0	80.60
15.5岁	159.1	43.05	162.9	47.31	166.7	52.19	171.0	58.39	175.2	65.57	179.1	73.03	182.8	81.49
16岁	159.9	44.28	163.6	48.47	167.4	53.26	171.6	59.35	175.8	66.40	179.5	73.73	183.2	82.05
16.5岁	160.5	45.30	164.2	49.42	167.9	54.13	172.1	60.12	176.2	67.05	179.9	74.25	183.5	82.44
17岁	160.9	46.04	164.5	50.11	168.2	54.77	172.3	60.68	176.4	67.51	180.1	74.62	183.7	82.70
18岁	161.3	47.01	164.9	51.02	168.6	55.60	172.7	61.40	176.7	68.11	180.4	75.08	183.9	83.00

注：①根据 2005 年九省/市儿童体格发育调查数据研究制定　　参考文献：中华儿科杂志，2009 年 7 期

②3 岁前为身长

0～18 岁儿童青少年身高、体重百分位数值表（女）

年龄	3rd	10th	25th	50th	75th	90th	97th
	身高（cm）/ 体重（kg）	身高（cm）/ 体重（kg）	身高（cm）/ 体重（kg）	身高（cm）/ 体重（kg）	身高（cm）/ 体重（kg）	身高（cm）/ 体重（kg）	身高（cm）/ 体重（kg）
出生	46.6 / 2.57	47.5 / 2.76	48.6 / 2.96	49.7 / 3.21	50.9 / 3.49	51.9 / 3.75	53.0 / 4.04
2 月	53.4 / 4.21	54.7 / 4.50	56.0 / 4.82	57.4 / 5.21	58.9 / 5.64	60.2 / 6.06	61.6 / 6.51
4 月	59.1 / 5.55	60.3 / 5.93	61.7 / 6.34	63.1 / 6.83	64.6 / 7.37	66.0 / 7.90	67.4 / 8.47
6 月	62.5 / 6.34	63.9 / 6.76	65.2 / 7.21	66.8 / 7.77	68.4 / 8.37	69.8 / 8.96	71.2 / 9.59
9 月	66.4 / 7.11	67.8 / 7.58	69.3 / 8.08	71.0 / 8.69	72.8 / 9.36	74.3 / 10.01	75.9 / 10.71
12 月	70.0 / 7.70	71.6 / 8.20	73.2 / 8.74	75.0 / 9.40	76.8 / 10.12	78.5 / 10.82	80.2 / 11.57
15 月	73.2 / 8.22	74.9 / 8.75	76.6 / 9.33	78.5 / 10.02	80.4 / 10.79	82.2 / 11.53	84.0 / 12.33
18 月	76.0 / 8.73	77.7 / 9.29	79.5 / 9.91	81.5 / 10.65	83.6 / 11.46	85.5 / 12.25	87.4 / 13.11
21 月	78.5 / 9.26	80.4 / 9.86	82.3 / 10.51	84.4 / 11.30	86.6 / 12.17	88.6 / 13.01	90.7 / 13.93
2 岁	80.9 / 9.76	82.9 / 10.39	84.9 / 11.08	87.2 / 11.92	89.6 / 12.84	91.7 / 13.74	93.9 / 14.71
2.5 岁	85.2 / 10.65	87.4 / 11.35	89.6 / 12.12	92.1 / 13.05	94.6 / 14.07	97.0 / 15.08	99.3 / 16.16
3 岁	88.6 / 11.50	90.8 / 12.27	93.1 / 13.11	95.6 / 14.13	98.2 / 15.25	100.5 / 16.36	102.9 / 17.55
3.5 岁	92.4 / 12.32	94.6 / 13.14	96.8 / 14.05	99.4 / 15.16	102.0 / 16.38	104.4 / 17.59	106.8 / 18.89
4 岁	95.8 / 13.10	98.1 / 13.99	100.4 / 14.97	103.1 / 16.17	105.7 / 17.50	108.2 / 18.81	110.6 / 20.24
4.5 岁	99.2 / 13.89	101.5 / 14.85	104.0 / 15.92	106.7 / 17.22	109.5 / 18.66	112.1 / 20.10	114.7 / 21.67
5 岁	102.3 / 14.64	104.8 / 15.68	107.3 / 16.84	110.2 / 18.26	113.1 / 19.83	115.7 / 21.41	117.4 / 23.14
5.5 岁	105.4 / 15.39	108.0 / 16.52	110.6 / 17.78	113.5 / 19.33	116.5 / 21.06	119.3 / 22.81	122.0 / 24.72
6 岁	108.1 / 16.10	110.8 / 17.32	113.5 / 18.68	116.6 / 20.37	119.7 / 22.27	122.5 / 24.19	125.4 / 26.30
6.5 岁	110.6 / 16.80	113.4 / 18.12	116.2 / 19.60	119.4 / 21.44	122.7 / 23.51	125.6 / 25.82	128.6 / 27.96
7 岁	113.3 / 17.58	116.2 / 19.01	119.2 / 20.62	122.5 / 22.64	125.9 / 24.94	129.0 / 27.28	132.1 / 29.89
7.5 岁	116.0 / 18.39	119.0 / 19.95	122.1 / 21.71	125.6 / 23.93	129.1 / 26.48	132.3 / 29.08	135.5 / 32.01
8 岁	118.5 / 19.20	121.6 / 20.89	124.9 / 22.81	128.5 / 25.25	132.1 / 28.05	135.4 / 30.95	138.7 / 34.23
8.5 岁	121.0 / 20.05	124.2 / 21.88	127.6 / 23.99	131.3 / 26.67	135.1 / 29.77	138.5 / 33.00	141.9 / 36.69
9 岁	123.3 / 20.93	126.7 / 22.93	130.2 / 25.23	134.1 / 28.19	138.0 / 31.63	141.6 / 35.26	145.1 / 39.41
9.5 岁	125.7 / 21.89	129.3 / 24.08	132.9 / 26.61	137.0 / 29.87	141.1 / 33.72	144.8 / 37.79	148.5 / 42.51
10 岁	128.3 / 22.98	132.1 / 25.36	135.9 / 28.15	140.1 / 31.76	144.4 / 36.05	148.2 / 40.63	152.0 / 45.97
10.5 岁	131.1 / 24.22	133.0 / 26.80	138.9 / 29.84	143.3 / 33.80	147.7 / 38.53	151.6 / 43.61	155.6 / 49.59
11 岁	134.2 / 25.74	138.2 / 28.53	142.2 / 31.81	146.6 / 36.10	151.1 / 41.24	155.2 / 46.78	159.2 / 53.33
11.5 岁	137.2 / 27.43	141.2 / 30.39	145.2 / 33.86	149.7 / 38.40	154.1 / 43.85	158.2 / 49.73	162.1 / 56.67
12 岁	140.2 / 29.33	144.1 / 32.42	148.0 / 36.04	152.4 / 40.77	156.7 / 46.42	160.7 / 52.49	164.5 / 59.64
12.5 岁	142.9 / 31.22	146.6 / 34.39	150.4 / 38.09	154.6 / 42.89	158.8 / 48.60	162.6 / 54.71	166.3 / 61.86
13 岁	145.0 / 33.09	148.6 / 36.29	152.2 / 40.00	156.3 / 44.79	160.3 / 50.45	164.0 / 56.46	167.6 / 63.45
13.5 岁	146.7 / 34.82	150.2 / 38.01	153.7 / 41.69	157.6 / 46.42	161.6 / 51.97	165.1 / 57.81	168.6 / 64.55
14 岁	147.9 / 36.38	151.3 / 39.55	154.8 / 43.19	158.6 / 47.83	162.4 / 53.23	165.9 / 58.77	169.3 / 65.36
14.5 岁	148.9 / 37.71	152.2 / 40.48	155.6 / 44.43	149.4 / 48.97	163.1 / 54.23	166.5 / 59.70	169.8 / 65.93
15 岁	149.5 / 38.73	152.8 / 41.83	156.1 / 45.36	159.8 / 49.82	163.5 / 54.96	166.8 / 60.28	170.1 / 66.30
15.5 岁	149.9 / 39.51	153.1 / 42.58	156.5 / 46.06	160.1 / 50.45	163.8 / 55.49	167.1 / 60.69	170.3 / 66.55
16 岁	149.8 / 39.96	153.1 / 43.01	156.4 / 46.47	160.1 / 50.81	163.8 / 55.79	167.1 / 60.91	170.3 / 66.69
16.5 岁	149.9 / 40.29	153.2 / 43.32	156.5 / 46.76	160.2 / 51.07	163.8 / 56.01	167.1 / 61.07	170.4 / 66.78
17 岁	150.1 / 40.44	153.4 / 43.47	156.7 / 46.90	160.3 / 51.20	164.0 / 56.11	167.3 / 61.15	170.5 / 66.82
18 岁	150.4 / 40.71	153.7 / 43.73	157.0 / 47.14	160.6 / 51.41	164.2 / 56.28	167.5 / 61.28	170.7 / 66.89

注：①根据 2005 年九省/市儿童体格发育调查数据研究制定

②3 岁前为身长

参考文献：中华儿科杂志，2009 年 7 期

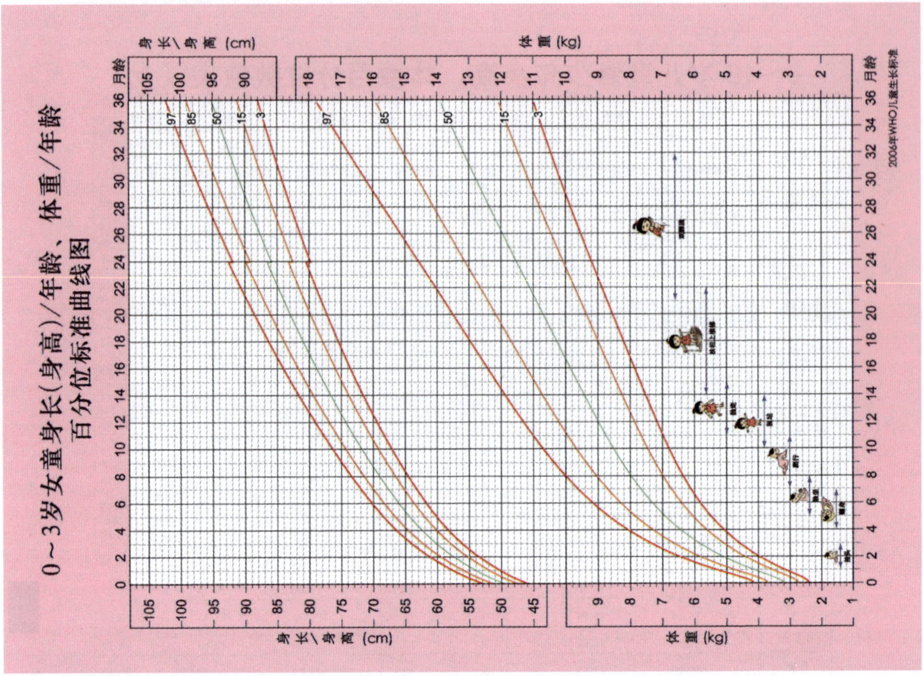
0～3岁女童身长(身高)/年龄、体重/年龄
百分位标准曲线图
身长/身高 (cm)
体重 (kg)
月龄
2006年WHO儿童生长标准

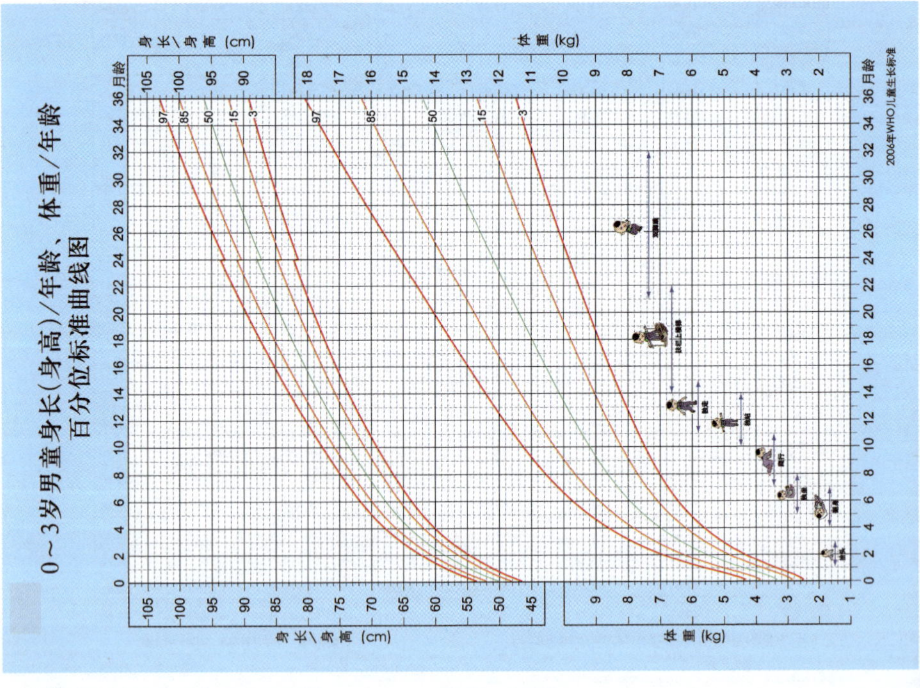
0～3岁男童身长(身高)/年龄、体重/年龄
百分位标准曲线图
身长/身高 (cm)
体重 (kg)
月龄
2006年WHO儿童生长标准

第二章　神经心理发育

一、神经心理发育基本规律

儿童神经心理发育主要指感知、运动、语言的发育，以及记忆、思维、情感、性格等心理活动的发展。它与儿童的智力发育密切相关，是儿童健康成长的一个重要方面。

（一）感知的发育

1. 视感知发育

新生儿已有视觉感应功能，瞳孔有对光反应，在安静清醒状态下可短暂注视物体，但由于眼肌调节能力差，仅能看清 18 ~ 38 cm 内的事物；1 个月后可凝视光源，开始有头眼协调；3 ~ 4 个月时喜欢看自己的手，头眼协调较好；6 ~ 7 个月时目光可随上下移动的物体垂直移动；8 ~ 9 个月时开始出现视深度感觉，能看到小物体；18 个月时已能区别各种形状；2 岁时可区别垂直线与横线；5 岁时可区别各种颜色；6 岁时视深度已充分发育。

2. 听感知发育

新生儿出生时鼓室无空气，听力差；出生后3 ~ 7天听觉已相当良好；3 ~ 4个月时头可转向声源；7 ~ 9个月时能确定声源，区别语言的意义；13 ~ 16 个月时可寻找不同响度的声源；4 岁时听觉发育已经完善。

3. 味觉和嗅觉发育

宝宝出生时味觉发育已很完善，4 ~ 5 个月对食物轻微的味道改变已很敏感。宝宝出生时嗅觉中枢与神经末梢已发育成熟，3 ~ 4 个月时能区别愉快与不愉快的气味，7 ~ 8 个月开始对芳香气味有反应。

4. 皮肤感觉的发育

皮肤感觉包括触觉、痛觉、温度觉及深感觉等。触觉是引起某些反射的基础。新生儿眼、口周、手掌、足底等部位的触觉已很灵敏，而前臂、大腿、躯干的触觉则较迟钝。新生儿已有痛觉，但较迟钝，第 2 个月起才逐渐改善。宝宝出生时温度觉就很灵敏。

（二）运动的发育

1. 大运动的发育

大运动是指涉及胳膊、腿部肌肉或全身较大幅度的动作，如翻身、坐、爬、跑、跳等。大运动发育遵循从上到下的规律，发育里程碑如下：1 ~ 2 个月能俯卧抬头，4 个月时竖头稳定，4 ~ 5 个月时能翻身，6 个月时能双手向前撑住独坐，8 个月时独坐稳，7 ~ 9 个月时会爬，11 个月时可独站片刻，12 个月时能独走，15 个月时独走稳，24 个月时可双足并跳，30 个月时可单脚跳。

2. 精细运动的发育

精细运动主要指手和手指的运动以及手眼协调操作物体的能力。精细运动发育的里程碑如下：4 个月时能主动抓握，握持反射消失；6 ~ 7 个月时出现换手与捏、敲等探索性动作；9 ~ 10 个月时可用拇、食指捏物，喜撕纸；12 ~ 15 个月时乱涂画；18 个月时能叠 2 ~ 3 块方积木；2 岁时可叠 6 ~ 7 块方积木，会翻书。

（三）语言的发育

语言的发育要经过发音、理解和表达 3 个阶段。新生儿已会哭叫，然后咿呀发音；6 个月时能听懂自己的名字；12 个月时能说简单的单词，如“爸爸”“妈妈”；18 个月时能说 15 ~ 20 个字，并指认、说出家庭主要成员的称谓；24 个月时能指认简单的人、物品和图片；3 岁时能指认许多物品，并说出 3 ~ 5 个字组成的短句；4 岁时能讲述简单的故事情节。

（四）心理活动的发展

1. 社会行为的发展

1 ~ 2 个月婴儿听到母亲的声音或被人抱起时会停止哭泣；2 ~ 3 个月时出现社会性微笑；5 ~ 6 个月时能区别温和、生气的声音或脸色，并能给以不同的反应；6 ~ 8 个月时对陌生人表现出胆怯、害羞的表情；8 ~ 12 个月时小儿开始有同情行为、分享倾向；9 ~ 12 个月是认生的高峰期，能模仿成人说话的声音；1 岁后，小儿开始安慰他人；18 个月后逐渐有自我控制能力，成人在附近时可独自玩很久；2 岁后不再认生，易与父母分开；3 岁后可与小朋友做游戏，并能遵守游戏规则。

2. 注意的发展

婴儿期以无意注意为主，时间短暂，容易转移；随着年龄的增长逐渐出现有意注意，3 ~ 6 岁有意注意发展水平较低，稳定性差，且依赖于成人的指导；学龄期后，有意注意的作用越来越大，稳定性越来越好，逐渐占据主要地位。

3. 记忆的发展

记忆是将所学得的信息“贮存”和“读出”的神经活动过程。1 岁以内婴儿只有再认，即以前感知的事物在眼前重现时能被认识。随着年龄的增长，慢慢可以重现，即以前感知的事物虽不在眼前重现，但可在脑中重现。幼儿只按事物的表面特性记忆信息，以机械记忆为主。随着年龄的增加和理解、语言思维能力的加强，逻辑、联想记忆逐渐发展。

4. 思维的发展

1 岁以后的儿童开始产生思维，3 岁以前只有最初级的形象思维，3 岁以后开始有初步抽象思维；6 ~ 11 岁以后儿童逐渐学会综合分析、分类比较等抽象思维方法，具有进一步独立思考的能力。

5. 想象的发展

1 ~ 2 岁儿童仅有想象的萌芽。学龄前期儿童仍以无意想象为主，有意想象和创造性想象到学龄期才迅速发展。

6. 情绪、情感的发展

新生儿因出生后不易适应母体外环境，较多处于消极情绪中，表现为不安、啼哭。需求得到满足，如吸吮以及被抱、摇、抚摸等时则可变得愉快。婴幼儿情绪表现的特点是时间短暂、反应强烈、容易变化、外显而真实。随着年龄的增长，儿童对不愉快因素的耐受性逐渐增加，能够有意识地控制自己，情绪逐渐趋向稳定。

7. 个性和性格的发展

根据埃里克森的个性发展论，性格是在人的内动力和外环境产生和解决矛盾的过程中发展起来的，具有阶段性：婴儿期（信赖 — 不信赖），所有生理需要都依赖成人，如果与成人无依恋关系，将产生不安全感和情绪问题；幼儿期（自主 — 怀疑），开始有自理能力，但仍需依赖成人，故依赖性和违拗性行为交替出现；学龄前期（主动 — 内疚），自理能力提高，有主动行为，但经常因失败而产生失望和内疚情绪；

学龄期（满足 — 自卑），因学习能力提升和某些行为得到认可而满足，又因经常失败而产生自卑感；青春期（自我评价 — 自我意识混乱），发育接近成人，认知能力提升，心理适应能力增强但容易波动，在情感问题、伙伴问题、职业选择、道德评价和人生观等问题上如果处理不当易发生性格变化。性格的形成受遗传影响，但主要由生活环境和教育决定，一旦形成即相对稳定。

二、神经心理发育评价

儿童神经心理发育的水平表现在儿童在感知、运动、语言、心理等方面的各种能力，对这些能力的评价称为心理测试。心理测试包括筛查性测验如丹佛发育筛查测验 (DDST)、绘人测试、图片词汇测试 (PPVT)，诊断性测验如 Gesell 发育量表、Bayley 婴幼儿发育量表、Standford–Binet 智能量表、Wechsler 学前及初小儿童智能量表 (WPPSI)、Wechsler 儿童智能量表修订版 (WISC–R) 等。心理测试必须由经专门训练的专业人员根据实际需要选用，不可滥用。

三、发育行为预警征

2015 年国家卫生和计划生育委员会按照中国儿童心理发展规律和心理行为特征，制定了“儿童心理行为发育问题预警征象”筛查表，用于早期识别儿童心理行为发育偏离，有针对性地开展随访、干预和健康管理。“预警征”适用于 0 ~ 6 岁儿童，分为 11 个筛查年龄点，涵盖语言、个人社交、精细运动、大运动 4 个能区，每个能区含 1 项条目，各条目主测年龄均以 90% 人群通过年龄为准。各筛查年龄点出现任意一项预警征象阳性，即判定为筛查结果阳性，代表儿童存在心理行为发育偏异可疑。

年龄	预警征象		年龄	预警征象	
3个月	1. 对很大的声音没有反应 2. 逗引时不发音或不微笑 3. 不注视人脸，不追视移动的人或物品 4. 俯卧时不会抬头	□ □ □ □	6个月	1. 发音少，不会笑出声 2. 不会伸手抓物 3. 紧握拳松不开 4. 不能扶坐	□ □ □ □
8个月	1. 听到声音无应答 2. 不会区分生人和熟人 3. 双手间不会传递玩具 4. 不会独坐	□ □ □ □	12个月	1. 呼唤名字无反应 2. 不会模仿“再见”或“欢迎”动作 3. 不会用拇、食指对捏小物品 4. 不会扶物站立	□ □ □ □
18个月	1. 不会有意识地叫“爸爸”或“妈妈” 2. 不会按要求指人或物 3. 与人无目光交流 4. 不会独走	□ □ □ □	2岁	1. 不会说3个物品的名称 2. 不会按吩咐做简单的事情 3. 不会用勺吃饭 4. 不会扶栏杆上楼梯/台阶	□ □ □ □
2岁半	1. 不会说2~3个字的短语 2. 兴趣单一、刻板 3. 不会示意大小便 4. 不会跑	□ □ □ □	3岁	1. 不会说自己的名字 2. 不会玩“拿棍当马骑”等假想游戏 3. 不会模仿画圆 4. 不会双脚跳	□ □ □ □
4岁	1. 不会说带形容词的句子 2. 不能按要求等待或轮流 3. 不会独立穿衣 4. 不会单脚站立	□ □ □ □	5岁	1. 不能简单叙说事情经过 2. 不知道自己的性别 3. 不会用筷子吃饭 4. 不会单脚跳	□ □ □ □
6岁	1. 不会表达自己的感受或想法 2. 不会玩角色扮演的集体游戏 3. 不会画方形 4. 不会奔跑	□ □ □ □			

第三章　五官发育和保健

一、乳牙发育及口腔保健

（一）乳牙萌出的时间和顺序

1. 乳牙萌出的时间

宝宝的第 1 颗乳牙在出生后 4 ～ 10 个月开始萌出，一般 6 个月左右萌出第 1 颗乳牙，2 岁到 2 岁半乳牙出齐，共 20 颗。但有的孩子出牙较晚，甚至 1 岁左右才出第 1 颗乳牙，这仍属于正常范围。如果超过 12 个月还不见牙齿萌出，就应当去看医生。孩子患佝偻病、重度营养不良、先天骨骼发育障碍等，会影响牙齿的钙化，萌出时间就晚些。

2. 出牙数的计算

不同年龄孩子的乳牙萌出个数的计算方法：月龄 –4 或 –6。比如 10 个月的孩子一般有 4 ～ 6 颗乳牙，但乳牙萌出速度也会有个体差异。

3. 出牙顺序

孩子出牙的顺序一般是固定的，最先萌出的乳牙是下面中间的一对门牙，然后是上面中间的一对门齿，随后再按照由中间到两边的顺序逐步萌出。具体顺序如右图所示。

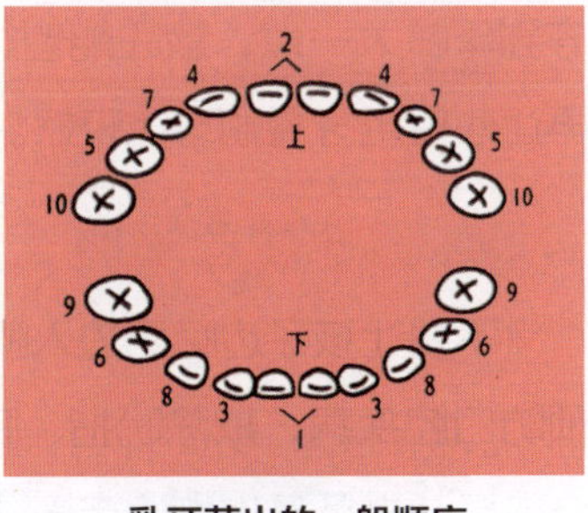

乳牙萌出的一般顺序

（二）口腔保健和清洁护理

孩子口腔和乳牙的清洁护理应该从出生就开始。虽然新生儿还没有长出牙齿，但保持口腔清洁也是很重要的。而且，每天给孩子清洁口腔，能帮助孩子适应清洁口腔的感觉，形成良好的口腔清洁习惯，以后教他刷牙会更容易些。

1. 长牙前的口腔清洁护理

（1）用漱口的方式清洁，即进食后让孩子喝一点白开水。

（2）用温开水浸湿消毒纱布或用指套型乳牙刷清洁宝宝口腔黏膜、牙龈和舌。

2. 长牙后的口腔清洁护理

（1）可延用长牙前的清洁方式，进食后让孩子喝一点白开水。

（2）当孩子牙齿萌生后，要为孩子刷牙。纱布或指套型牙刷无法彻底清除牙齿上的牙菌斑，最好选用软毛小头的牙刷，每天早晚为孩子刷牙。使用牙刷时动作一定要轻柔，以免孩子牙龈不舒服。有相邻的两颗牙萌出时，建议常规使用牙线清洁口腔。

3. 牙膏的使用

给小孩子刷牙不要用牙膏。牙膏含有氟或香料等化学物质，虽然对清洁工作有加分的作用，但如果孩子不慎把牙膏吞进肚子里反而不好。等到年龄大一点，孩子能理解“不要吞下去”并能照着做的时候，家长再让他使用牙膏刷牙比较好。

4. 其他注意事项

不要让孩子边吃奶边入睡，以免引起奶瓶龋；均衡营养，少吃甜食；预防口腔疾病，戒除吮指、咬唇等不良习惯；定期检查，对釉质发育不全的患儿进行氟化物涂布等预防性处理。

二、视力发展及眼保健

（一）婴幼儿视力发展

视觉是一种感知觉，新生儿仅能看到 18 ~ 38 cm 范围内物体的大致轮廓。新生儿的最佳视距是 20 ~ 35 cm，正好相当于妈妈喂奶时妈妈脸与孩子脸的距离。孩子的视力需要几年的时间才能发育到接近成人的水平，具体发展过程见下表。

婴幼儿视力发育进程

月龄或年龄	发育进程
0 ~ 3 个月	刚出生时：有光感，遇强光刺激有闭眼、皱眉等反应，不会注视，眼球仅有无目的的运动 几小时后：能看到 18 ~ 38 cm 范围内物体的大致轮廓，像是看模糊的黑白照片 1 ~ 2 周：能注视眼前移动的灯光或较大物体，但双眼运动不协调 1 ~ 2 个月：可追随 90° 范围内移动的物体，视力大约为 0.01，喜欢黑白色或对比强烈的图案，比如对比强烈的条纹、同心圆、棋格盘和简单的人面图案，最喜欢看的图案是人脸 3 个月：开始有意识地看东西、感受色彩，视力约为 0.02，两眼可追随 180° 范围内移动的物体，有一定的立体视觉
4 ~ 6 个月	4 ~ 5 个月：视力为 0.02 ~ 0.04，能由近看远、由远看近，能分辨同一色系但深浅不同的颜色，深度视觉开始发展，主动伸手抓握 5 ~ 6 个月：视力为 0.04 ~ 0.08，两眼可稳定注视移动的物体，双眼运动协调，不应再出现斜视
6 ~ 12 个月	6 ~ 8 个月：视力达 0.1，可判断出哪些玩具够得着，哪些够不着；会调整姿势，以便能看清楚东西 8 ~ 12 个月：视力达到 0.15 左右，两眼能环视，手眼较为协调

（续表）

月龄或年龄	发育进程
1 ~ 3 岁	1 岁：视力为 0.2 ~ 0.25，立体视觉较好，可以分辨远近，有深浅感 1 ~ 2 岁：视力为 0.5 ~ 0.6 2 ~ 3 岁：视力为 0.6 ~ 1.0，60% 的孩子视力可达到 1.0

注：根据临床需要，表中视力采用小数记录值

（二）婴幼儿眼睛保健

1. 注意对孩子眼睛的保护

经常变换孩子躺卧的方向，避免孩子的眼球经常只转向一侧。可以在小床的不同方向上多挂几个物品，以免孩子的眼球总转向一个方向。

2. 注意孩子眼睛的清洁卫生

教孩子不要用手揉眼睛，如果有异物进入眼睛要及时请大人帮忙处理。如果发现孩子眼睛发炎要及时就医，注意避免眼外伤，不要让婴幼儿玩尖锐的东西或放烟花爆竹。

3. 尽早发现视力异常

注意观察孩子的双眼是否对称，及早发现内斜视。内斜视大多会影响视力的发育，造成弱视，也会影响立体视力等高级视功能的发育。发现得越早，矫正的可能性越大，治疗的效果也越好。

4. 定期带孩子去检查视力

3 岁以下的孩子通常还不会配合医生检查视力，父母可以在家观察，通过孩子日常生活中的一些习惯和细节，初步判断孩子的视力情况。如

果孩子有下面这些表现，说明他的视力可能有些问题，要带孩子到医院检查。

（1）动作明显比同龄孩子笨拙，走路经常跌跌撞撞，躲不开眼前的障碍物。

（2）看东西时经常眯眼、歪头、往前凑，看书、看电视时总是离得很近。

（3）对色彩鲜艳、变化多端的电视节目都不感兴趣。

三、听觉发展及耳保健

（一）婴幼儿的听觉发展

相对于视觉来说，新生儿的听觉相对成熟。比如，他能辨别高低不同的声音，能辨别单音节和多音节的差别，并且对人类的声音表现出特殊的兴趣，尤其是对母亲说话的声音，对母亲所使用的语言比其他语言的兴趣更大。

新生儿出生 3 天就可以把头和眼睛转向声音发出的大致方向，在随后的半年里，对声音进行精确定位的能力得到很大的提升，到半岁时开始能对声音的远近做出判断。

（二）婴幼儿听力保健

婴儿的听觉能力有助于许多能力的发展，尤其是语言的学习。因此，呵护婴儿的听觉，及早发现和治疗其耳部的疾病十分重要。

1. 注意观察和发现听力异常

一般来说，婴儿出生后，医院会对其进行听力筛查。平时，父母照顾孩子时，要注意观察孩子对声音的反应，如果发现孩子对一些特别的声音，如突然的巨大声响没有反应，需要带孩子去医院进行听力筛查。对听力异常的孩子要做到早发现早干预。

2. 对婴幼儿进行科学的耳部护理和保健

正确护理耳部，了解并避免外耳及中耳感染的危险因素，如不要躺喂孩子以防溢出的奶进入耳道，在孩子洗澡或游泳后及时擦干外耳道，不要给孩子挖耳，积极防治孩子外耳道湿疹，避免噪声污染，避免孩子吸入二手烟等。此外，家长要了解常见的耳毒性药物，避免孩子使用链霉素、庆大霉素、卡那霉素等，以防这些药物对内耳产生不良反应。

3. 积极防治中耳炎

中耳炎引起的听力问题会对儿童的心理发展尤其是语言学习造成很大的影响，因此，婴幼儿时期尤其要注意预防和治疗中耳炎。孩子在 3 岁之前很容易患中耳炎，尤其是在感冒的时候，主要原因是孩子的咽鼓管比成人的更细、更短，也更平直，所以细菌更容易侵犯中耳，也更容易发生积液。另外，孩子的免疫系统还没有发育成熟，一旦发生感染，抵抗能力不如健康的成年人，所以感染更难以控制。

PART 2
养育照护要点

第四章 日常生活护理总论

一、房间与环境

给宝宝提供一个舒适的生活环境：避免嘈杂喧闹；最好选择朝南向阳、光线充足的房间，温度 22 ~ 24℃，湿度 35% ~ 65%；要保持室内空气清新，经常开窗通风，但注意，开窗时不要让风直吹宝宝；屋内要保持清洁卫生，每天应进行湿性打扫，家具用湿布擦拭；不要在屋内待客、吸烟，以减少空气的污染和病菌的传播。

给宝宝提供一个舒适的睡眠环境：不给宝宝穿太多、太紧的衣服；光线宜暗，夜间关灯睡觉；保持安静，不放置电视、电话、电脑、游戏机等；将小宝宝放在硬质婴儿床上，避免放在特别松软的物体上，如枕头、棉被、靠枕等，以防阻碍宝宝的口鼻呼吸。

二、皮肤护理

（一）脐部护理

新生儿的脐带通常在出生后 10 天左右脱落，具体的脱落时间还与脐带的粗细以及结扎的方式有关，因人而异。在脐带脱落之前一定要保持新生儿脐部的洁净和干爽。宝宝脐部护理要注意以下几点：

（1）尿布不要遮盖脐部，以免尿液污染肚脐。

（2）经常检查孩子的肚脐是否有红肿和渗液。

（3）每天彻底清洁 1 次小脐窝，保持脐带残端干燥，以加速残端脱落和脐部愈合。

（4）脐带脱落后，在脐部没有完全愈合前，也应该每日清洁小脐窝。

（5）正确的清洁方法是用棉签蘸上碘伏或 75% 的酒精仔细擦拭脐窝和脐带根部，防止脐带断口与脐窝粘连；随后再用新的碘伏或酒精棉签从脐窝中心向外螺旋形擦拭，范围是直径 3 cm 的圆圈。一定要从脐窝内开始擦拭，而不是只擦脐轮外周。

（6）护理脐部的时候要注意观察，看看是否有异常情况。如果发现脐窝发红潮湿、有黏性或脓性分泌物、闻起来有臭味，或脐轮发红肿胀，而且用手摸起来感觉皮肤发热，说明脐部发生感染。婴儿还会伴有拒奶、少哭、发热、烦躁不安等表现。如果细菌进入血液循环，可能引起败血症而危及生命，所以出现以上症状时一定要及时就医。

（二）洗澡

健康的新生儿出生后 12 ~ 24 小时，便可给他洗澡。洗澡可以清洁皮肤、预防感冒、促进血液循环和新陈代谢，使婴儿健康成长。同时，头部的清洁不仅可以预防生疮、长痱子，也有利于孩子的头发生长。

最好每天给宝宝洗头洗澡 1 次，时间安排在上午喂奶之前或晚上睡觉之前。夏天孩子又爱出汗，每天可以洗 2 次，这也是水浴锻炼，能促进孩子的生长发育，增强抵抗力。宝宝长到七八个月能坐稳后，可以让他坐在浴盆里洗澡。这个时候玩具就变得非常重要，各种容器、可以漂浮的玩具，甚至防水的洗澡书，都可以用来吸引宝宝的注意力，让家长可以顺利地帮宝宝洗澡。2 岁以后的宝宝可以逐步适应淋浴。洗澡时有以下注意事项：

（1）注意保暖 所有用品准备好，待室内温度适宜后再给孩子脱衣服。

（2）注意安全 洗澡时假如你忘了准备东西、需要接电话或要去给人开门，必须把孩子用大毛巾包起来一起带走，绝对不可以将孩子独自留在浴盆内。

（3）控制洗澡时间 每次洗澡时间不要超过 10 分钟，孩子的皮肤比成人更薄更娇嫩，时间过长可能造成孩子皮肤干燥。

（4）沐浴用品 孩子洗澡一般用清水就可以，孩子的皮肤外面有一层油脂，这对保持皮肤滋润、减少外部刺激和保暖都有重要作用。

（5）润肤剂选择 可以根据宝宝的皮肤情况、季节、地域和环境温湿度合理使用不含香料的低敏润肤剂，在沐浴后即刻涂抹，5 分钟内完成润肤过程，这样可以防止湿疹的出现。

（三）皮肤保养

1. 润肤

婴幼儿通常不需要使用任何润肤剂、婴儿油或爽身粉。如果宝宝的皮肤特别干燥，可以在干燥部位涂抹不含香料的婴儿润肤露，同时配合按摩。假如皮肤仍然很干，可以减少洗澡频率。

2. 防晒

婴幼儿的皮肤非常娇嫩，抵抗紫外线的能力比较弱，容易受到紫外线的伤害出现过敏、晒伤甚至皮炎，因此，在宝宝户外活动期间，防晒显得尤为重要。

家长可以采用以下方法给宝宝防晒：

（1）使用遮阳伞、遮阳帽、婴儿推车等。

（2）外出时选用适合婴幼儿使用的防晒露或防晒霜，户外活动超过 2 小时则建议重新涂抹。

（3）外出时尽量在阴凉处行走，夏季上午 10 点至下午 2 点紫外线辐射最强的时间段避免带宝宝外出。

（四）剪指甲

给婴儿修剪指（趾）甲时选择柔和的磨甲棒、婴儿指甲钳或钝头的指甲钳。修剪时要特别小心，以防剪到婴儿的指（趾）尖，弄痛婴儿并造成出血。刚洗完澡及睡着以后是给宝宝剪指甲的好时机。

尽量将宝宝的指甲剪短磨平，否则他可能抓伤自己。宝宝刚出生的前几周指头很小，但指甲却长得很快，可能每周要剪 1 ～ 2 次。与手指甲正好相反，宝宝的脚趾甲长得很慢而且很柔软，每月只需剪 1 ～ 2 次即可。宝宝脚趾甲很软，有时候看起来好像长在肉里一样，但只要脚趾甲周围的皮肤没有红肿增厚就不用担心，随着年龄的增长，脚趾甲会逐渐变硬，形状更加明显。

（五）手部清洁

宝宝在出生后 2 个月逐渐开始学会吃手，他会将拇指、多根手指甚至整个小手塞到嘴巴里“美美”地吸吮。这是宝宝到了“口欲期”，是宝宝学习和探索世界的一种方式，说明宝宝的手、口、眼协调能力增强，对宝宝的脑发育有益处。

孩子吃手，难免会把细菌吃到肚子里，影响宝宝的肠道健康。因此，家长需要注意宝宝的手卫生，勤给宝宝洗手，可以用洗手液或香皂洗后再用清水冲干净，最后用毛巾擦干。

虽然吃手是一种正常现象，但是频繁吃手不仅影响宝宝的牙齿排列和咬合，影响宝宝面部的美观，长期吃手还会影响宝宝手指骨骼的发育，造成手指畸形、脱皮甚至感染。因此，如果孩子养成频繁吃手的习惯，就需要家长耐心地引导，帮助他改掉吃手的毛病。

三、大小便

（一）大便

宝宝出生后几日内排空的肠道内积攒的第一批粪便，俗称“胎粪”，可呈现为黏稠的黑色或深绿色。母乳喂养婴儿的大便在胎粪排出后的大部分时间为淡黄色的黏稠状，中间夹杂一些细小颗粒，有时稀如米糊，每日数次。配方奶粉喂养婴儿的大便通常呈褐色或黄色，质地比母乳喂养婴儿的大便黏稠。

（二）小便

排尿频繁的宝宝每 1 ~ 3 小时 1 次，排尿不频繁的宝宝每天 4 ~ 6 次，一般每天 6 次以上均属正常。正常宝宝排尿次数每天少于 6 次，可能是奶量不足的表现。此外，婴儿在生病、发热或气温非常高时尿量可明显减少。健康宝宝的尿液呈淡黄色或深黄色，颜色越深表明尿液越浓，考虑婴儿摄入水分偏少。有时在婴儿尿布上发现粉红色痕迹，通常是一些盐类沉淀物，即婴儿尿液的浓缩，给宝宝多喂奶或适当喂水此问题可消失。

（三）换尿布

宝宝的皮肤比较娇嫩，对汗液和尿液都非常敏感，如果小屁股长期处于潮湿状态或长期接触大小便，就很容易发生尿布疹。因此，每次便后都要注意清洁，清洗时动作要轻柔，因为用力太大会破坏皮肤的角质层。另外，清洗的方向和顺序也很重要，男婴和女婴的身体结构不同，在清洗的时候也要注意采用不同的方法。

女婴：一只手轻轻地拨开大阴唇，另一只手用水轻轻冲洗，一定要从前往后清洗，以防肛门的细菌感染阴道。

男婴：清洗时腹部也要洗到，因为他经常会尿在肚脐上甚至更高的地方；清洗阴茎时将它轻轻抬起，不要强行拉下包皮，要从上往下清洗阴茎。

（四）训练大小便

1. 建立排便规律

12月龄之前的婴儿还没有能力控制大小便。到了13～18月龄，父母或照护者可帮助幼儿建立排便规律，帮助幼儿形成排便的条件反射。可以先从大便开始训练，因为大便次数少，时间相对固定，排便前信号比较明显，容易捕捉时机且成功率高，也会增强家长对孩子排便训练的信心。提前给孩子准备一个便盆，当孩子有“情况”时，家长及时带孩子去坐便盆，同时发出“嘘嘘”或“嗯嗯”等用力的声音来作为排便的信号，这样坚持一段时间，孩子一般就会形成习惯。

19～24月龄时，通过前期训练，有部分幼儿可对排便有自主表达。父母或照护者应注意观察幼儿的排尿次数和间隔时间，以掌握规律并提醒宝宝坐便盆。在未养成习惯前，宝宝有时尿湿了裤子，父母不能因此而责备孩子。当幼儿主动说要撒尿并坐便盆排便时，父母或照护者要及时给予“真是好孩子，学会自己大小便了”等鼓励性语言。即使孩子养成了习惯，学会坐便盆排尿，有时也会因玩耍忘了坐便盆，或有时尿湿裤子，此时父母应原谅幼儿并说：“不要紧，妈妈知道你不是故意的，下次记住有尿自己去便盆，这样就不会尿湿裤子了。”这样不会给幼儿增加任何压力。

当孩子过完2岁生日，很多家长就迫不及待地想让孩子学习自己上厕所，尤其当家长决定将孩子送

到托儿所或幼儿园的时候，这种需求似乎更加迫切，因为很多托幼机构要求家长在送托之前教会孩子上厕所。有研究显示，绝大部分幼儿在 2 岁到 2 岁半能学会自己上厕所，他们尿裤子、尿床的次数每周不会超过 1 次，当然，也有小部分孩子学得慢一点，有的孩子 3 ~ 4 岁时才学会使用便盆，有的甚至在 4 岁以后。所以父母或照护者一定要有足够的耐心，如果孩子还没有做好准备，不恰当的训练反而会适得其反，事倍功半。也不可为此而伤害了一些性格内向、过于敏感的孩子。

2. 注意事项

（1）不要随意更改宝宝的排便时间，便盆的位置最好也固定，这样有利于孩子形成条件反射。

（2）坐便盆的时间控制在 3 ~ 5 分钟，不宜过长，以免造成脱肛。如果宝宝没有便意，先让他起来，过一会再试。如果宝宝抗拒，不要勉强，以免产生排斥和厌烦的情绪，结果适得其反。宝宝坐便盆时，照护者要在旁边看护，避免宝宝摔倒。

四、衣物和鞋子

（一）适合宝宝的衣物

给宝宝穿的衣物首选棉质的，要安全、舒适、便于穿脱，颜色不宜太深。刚出生的宝宝，一般都需要穿多层衣物来保暖，可以给宝宝穿一层棉质的贴身上衣或连体衣，外面裹上小包被。随着月龄的不断增大，宝宝活动量逐渐增大，活动范围也逐渐增大，家长可以给宝宝穿一层利于活动的连体衣，再逐步过渡到分体衣。宝宝穿衣量的多少要根据自家房间内的温度高低来调整，一般的穿衣规律：通常情况下，小宝宝可以按照“比大人多一件”的标准来穿；随着宝宝年龄的增大，活动量的增大，可以和成人穿的一样多，甚至稍微少一些。

宝宝的衣物大小要适宜，方便孩子自主活动。尽量不要选择有带子、绳子的衣服，以免缠绕孩子身体造成伤害。

宝宝的皮肤很敏感，很容易对新衣服上的化学物质或残留的肥皂、洗衣粉过敏，因此，宝宝的衣物需要反复漂洗后使用，并与家里其他人的衣物分开洗涤。

（二）适合宝宝的第一双鞋

宝宝开始站立（大约 10 月龄）后，紧接着就要学习走路了，这个时候家长就要考虑给宝宝准备一双适合他的小鞋子。给宝宝选鞋主要考虑材质、大小和样式，美观是其次的。舒适合脚的鞋才能保护宝宝的小脚丫，有利于宝宝的发育。

给宝宝选鞋需要注意以下几点：

（1）鞋的材质要柔软、牢固、轻便、透气。可以选择棉质、软牛皮或软羊皮的鞋，鞋底布质或牛筋材质的都很柔软舒适，安全性好。

（2）宝宝的鞋要合脚，太大或太小都会影响宝宝小脚丫的发育。一般情况下，宝宝的鞋要比他的脚长 1 cm，宝宝穿上鞋后在脚后跟处能插入一根大人手指就差不多。

（3）宝宝鞋的鞋帮要高一些。宝宝在学走路的阶段，走路还不稳，高帮的鞋（最好能包住脚踝）才可以保护宝宝不会崴脚。

（4）宝宝的鞋要选择搭扣的，不仅能防止宝宝被鞋带绊倒，还方便穿脱。

五、物品清洁

（一）奶瓶清洁

奶粉喂养的宝宝每天都需要喝奶，

奶瓶是他最亲密的伙伴。如果对这个亲密伙伴的清洁消毒不到位，细菌就会趁机进入宝宝的口中，从而影响宝宝的健康。奶瓶清洁消毒不是放在开水里烫烫就行，因为这只能起到部分消毒的作用，而在 100℃的开水里煮沸 5 ~ 10 分钟才能达到杀菌的作用。“煮沸法”是家长可以选用的简单易行又可靠的方法，具体消毒方法如下：

（1）洗净双手，用专门的奶瓶刷将奶瓶的各个角落都清洁干净，特别是最易藏污垢的瓶颈和螺纹处。

（2）准备一个消毒奶瓶专用的不锈钢锅，将洗净的奶瓶放入锅中，要完全浸没于水下。玻璃奶瓶可先放入冷水中，待水烧开后 5 ~ 10 分钟再将奶嘴、瓶盖等塑料制品放入水中，再煮 3 ~ 5 分钟即可。塑料奶瓶可等水烧开后与奶嘴、瓶盖等一同放入锅中，煮沸 3 ~ 5 分钟即可，以免煮沸时间太长导致奶瓶变形。

（3）消毒后，将奶瓶置于干净通风处，倒扣沥干，可防止细菌滋生。

TIPS

宝宝的奶嘴建议 2 个月更换一次；塑料奶瓶建议选用耐高温的，且 6 个月更换一次。

（二）餐具清洁

添加辅食后，宝宝的餐具成了继奶瓶后又一个亲密的伙伴。餐具的清洁程度同样影响着宝宝的健康。家长需要用宝宝专用的清洁剂清洗 1 ~ 2 次，再用流动水冲洗干净，避免有残留物。清洁餐具后，最好自然晾干或用中温烘干，切勿用抹布擦干，防止抹布上的细菌造成二次污染。

（三）玩具清洁

玩具是宝宝生活中的重要玩伴，是宝宝成长过程中不可缺少的部分。宝宝喜欢用手直接接触玩具或将玩具放入口中，如果玩具的清洁消毒不到位，细菌就会趁机进入宝宝的口中，影响宝宝的健康。玩具的清洁消毒一般每周 1 次即可，不同材质的玩具清洁消毒的方法也不一样。

1. 塑胶玩具

先用干净的毛刷蘸取宝宝专用的奶瓶清洁液刷洗，再用清水冲洗干净；带电池的玩具，可用软布蘸取食用小苏打水擦拭，然后用湿布擦后晾干。

2. 布质玩具

不带电池的玩具可以直接浸泡清洗，带电池的玩具需要拆除电池或只刷洗表面，然后放在阳光下晒干。

3. 毛绒玩具

用婴儿专用的洗衣液浸泡清洗即可，充分漂清后在通风向阳处悬挂晾干；不能水洗的玩具可以送干洗店干洗。

4. 木质玩具

可以用稀释的酒精或酒精棉片擦拭，再用干布擦拭干净。

六、营养素的补充

（一）维生素 D

中国营养学会建议，所有的婴幼儿从出生后数天开始，每天都应摄入至少 400 IU 的维生素 D（早产、双胎宝宝需要每天加量至 800 ~ 1000 IU），同时需要把配方奶粉所含维生素 D 的量计算在内。

研究表明，每天摄入 400 IU 的维生素 D，不仅可以促进钙的吸收，而且可以增强婴幼儿的免疫力，预防糖尿病、癌症等疾病的发生。

（二）铁（Fe）

缺铁是造成婴儿贫血最常见的原因。铁缺乏最主要的原因是摄入不足。6 个月后若没有及时给宝宝添加含铁丰富的食物，宝宝就容易发生缺铁性贫血。这也是影响宝宝生长发育、诱发宝宝得感染性疾病的主要因素，对宝宝的身心健康影响极大。

家长除了带宝宝定期体检，平时也要关注宝宝缺铁的信号，比如皮肤、口唇、甲床苍白或苍黄，易烦躁哭闹，异食癖（比如爱吃纸、吃土等），食欲减退等。若发现这些信号，家长一定要带宝宝及时去看医生。一旦确诊为缺铁性贫血，无论程度如何，都要在医生的指导下补充铁剂并进行规范治疗，同时合理搭配饮食，补充含铁丰富的食物。通过及时合理地添加含铁丰富的食物、定期的体检，缺铁性贫血是可以预防的。

（三）其他

如果宝宝的食物中没有摄入足够的动物性食物，建议通过强化食品或补充剂增加维生素 A、锌、钙、DHA 等营养素的摄入。早产儿和低出生体重儿应根据胎龄、出生体重及营养风险，在医生指导下强化营养。

七、健身和锻炼

（一）体格锻炼

必要的体格锻炼不仅有益于宝宝的体格健康，更有助于宝宝运动和认知的发展。对 1 岁以内的宝宝可以通过各种方式进行体格训练，如抚触、被动操等，尤其鼓励陪宝宝在地板上玩耍互动。大于 1 岁的宝宝每天需要至少 3 小时的各种强度的体格锻炼。注意要动静结合、室内活动与户外活动结合，不同形式的活动交替进行。

（二）“三浴”

“三浴”即空气浴、日光浴和水浴。在宝宝满月后，让宝宝尽早地接触空气、阳光和水，这对宝宝的健康成长非常有好处。

1. 空气浴

新鲜、清洁的空气可以促进宝宝的新陈代谢，减少宝宝呼吸道疾病的发生，还能增进孩子的食欲，有助于宝宝良好的睡眠。同时，宝宝在适应不同的温度、湿度的过程中，对环境的适应能力也得到逐步提高。

2. 日光浴

宝宝满月后，家长就要带着他经常去户外活动，接触阳光和新鲜空气。日光浴就是俗称的晒太阳。晒太阳能促进宝宝的血液循环，增强体质，还能促进皮肤中维生素 D 的转化，帮助宝宝吸收钙和磷，从而利于骨骼的生长，使骨骼和牙齿更强健，防止佝偻病的发生。家长每天要保证宝宝 2 小时的户外活动，外出时尽量给宝宝穿浅色的衣物，要尽可能避免阳光直射或反射光线的照射，并戴帽子遮住他的脸。可以给宝宝涂抹适量的防晒霜，但要提前在宝宝的手背部试用一下，确保宝宝不过敏。

3. 水浴

水浴的方式有很多，洗头、洗脸、洗澡、玩水、游泳等都是不错的方法。家长要注意水温的变化，比如在小婴儿阶段和在天冷的冬天，可以给宝宝使用温水洗脸；炎热的夏季则可以使用自来水洗脸。洗澡的时候更要注意水温不能过高，避免烫伤。同时在洗澡、游泳和玩水时一定要注意安全，谨防溺水。

第五章　宝宝出生 0~7 天

一、体格生长发育

体重	新生儿出生体重与胎龄、性别及母亲妊娠期营养状况有关。一般男童出生体重略重于女童。我国 2005 年 9 市城区调查结果显示，男婴平均出生体重（3.33 ± 0.39）kg，女婴（3.24 ± 0.39）kg，与世界卫生组织 2006 年的参考值相近（男 3.3 kg，女 3.2 kg）
身长	出生时平均身长 50 cm
头围	胎儿期神经系统领先发育，故新生儿出生时头围较大，平均 34 ~ 35 cm。出生时胸围较头围略小 1 ~ 2 cm，为 32 ~ 33 cm，以利于胎儿娩出
体重变化	婴儿出生时的体重包含了过多的体液，这些体液会在出生后几天内排出体外。因此，大部分婴儿在出生 5 天内体重会减少 10%，接下来的 5 天内又会恢复，在出生第 10 天时，婴儿的体重通常已经恢复到出生时的水平。家长可以将他的体重变化记下来

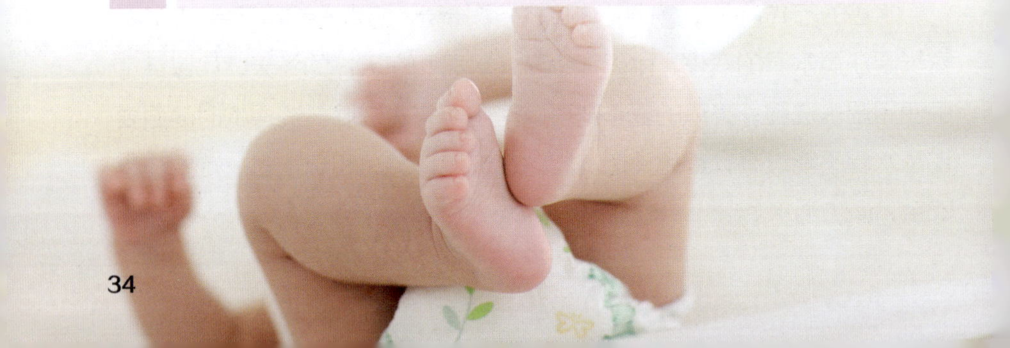

二、神经心理发育

（一）新生儿原始反射

新生儿出生后即出现的反射称为原始反射，这是新生儿出生后所特有的本领。这些反射可以反映宝宝的神经系统功能是否正常。新生儿的身体活动大部分都是反射行为。

1. 吸吮反射

将乳头或手指放在婴儿两唇之间或嘴里，他会凭借本能开始吸吮，这是“吸吮反射”。吸吮是一种生存反射，是婴儿在出生前就已经具备的能力。

2. 觅食反射

当你用手指或乳头轻触新生儿的口角或面颊，他就会转头张嘴，开始吮吸动作，这个重要的反射能使婴儿找到和吃到食物。在出生仅半小时且醒着的婴儿身上就可以观察到这种反射，这是婴儿天生具有的“觅食反射”。

3. 握持反射

用手指轻触婴儿的掌心，他会迅速握紧拳头，这是“握持反射”。

4. 拥抱反射

如果婴儿的头部突然变换姿势或后仰，或听到巨大的声音，或突然受到惊吓，他会出现双臂外展，手指伸开，然后两上肢向胸前屈曲内收呈拥抱状，有时伴有啼哭，这是“拥抱反射”。

5. 紧张性颈反射

也称为“击剑姿势”。当婴儿的头转向一侧时，你会发现脸朝向的一侧的上肢伸直，另一侧上肢弯曲，看上去像击剑动作一样。不过当婴儿受到干扰或哭泣的时候可能就不会表现出来，家长不要太担心。

以上 5 种反射均为婴儿出生后最常见的生理反射。不是所有的反射都会严格按照某个时间出现或是消失，下表为家长提供一些大概情况以供参考。

反射	反射出现的大概时间	反射消失的大概时间
吸吮反射	出生	4 个月
觅食反射	出生	4 个月
握持反射	出生	2 个月
拥抱反射	出生	4 个月
紧张性颈反射	出生	3 ~ 4 个月

（二）运动发育

1. 大运动发育

新生儿躺在床上时，身体呈屈曲的姿势，头部转向一侧，四肢蜷在身体两侧，也可以间断性地伸伸胳膊和小腿。他的小脚丫会自然地向内侧弯曲。几个星期后，他的身体才会从这种屈曲的姿势逐渐伸展开。

2. 精细运动发育

宝宝的手在大多数情况下紧握成拳，可以碰到自己的小嘴巴，此时妈妈可以用手轻轻地将他的手展开。

（三）情感发育

宝宝出生了，妈妈刚刚经历自然分娩或剖宫产手术，身体疲惫或痛苦的同时精神上却会感到兴奋和欣喜。面对睡在身旁的小婴儿，妈妈的想法和行为都会不由自主地变得小心翼翼。对于现在或未来如何抚育这个孩子，妈妈可能会感到很焦虑，对此没有足够的信心。别着急！现在你最需要做的是好好休息，尽快恢复体力。同时，不要忽略自己的感受，多与家人、朋友分享。这些是为了将来更好地养育孩子所做的必要准备。

爸爸其实也不轻松，欣喜的同时可能还有茫然、畏惧、手足无措——不知道怎样对待这个刚刚降生的小生命。最好的做法就是不要想太多，尽量学习并参与到宝宝的照护工作中。这既有利于增进你对宝宝的了解，又有利于你和宝宝的情感培养。

家里的其他孩子感觉是兴奋、喜悦，还是担心、抵触、嫉妒？无论如何，这都是正常的。父母要给予哥哥或姐姐更多的关注和照护，发现并指出他们的“闪光点”，及时予以赞扬。慢慢地，他们会感到安全——弟弟或妹妹的到来对他们没有威胁，知道陪伴和保护他们，产生一种为人兄或姐的“成就感”。

三、营养与睡眠

（一）喂养

1. 纯母乳喂养

6月龄内的婴儿应纯母乳喂养，无须给婴儿添加水、果汁等液体和固体食物，以免减少婴儿的母乳摄入量，进而影响母亲乳汁分泌。从6月龄起，在合理添加其他食物的基础上，建议继续母乳喂养至2岁。

（1）母乳喂养的好处

母乳是婴儿最好的食物，母乳里所含的糖、蛋白质、脂肪最适合婴儿的需求；母乳中蛋白质性质优于牛奶，更易被婴儿吸收利用；母乳喂养可以预防多种疾病，如中耳炎、肺炎、哮喘等；母乳中还含有多种矿物质和维生素，且含量均高于牛奶。

母乳喂养能增强婴儿抗病能力。母乳中含有大量具有活性的免疫因子，其中多种免疫球蛋白、活性溶菌酶可保护婴儿肠道和呼吸道，减少肠道和呼吸道感染。

母乳喂养不易引起过敏。母乳中蛋白质属于人体蛋白质，而牛、羊乳的蛋白质为异体蛋白质，可引起婴儿湿疹等过敏症状。

母乳可直接喂养，不需要消毒，不需要测量温度，既方便又经济。母乳几乎无菌，温度适宜，随婴儿需要自然调节。

母乳喂养可促进母婴感情，更易产生母婴依恋情绪，利于婴儿智力发育。

（2）掌握正确的母乳喂养方法

① 产前准备

母亲孕期体重适当增加（12 ~ 14 kg），贮存脂肪以供哺乳期能量的消耗。母亲孕期增重维持在正常范围内可降低妊娠糖尿病、高血压、剖宫产、低出生体重儿、巨大儿和出生缺陷及围产期死亡的发生率。

② 尽早开奶

生后 2 周是建立母乳喂养的关键时期。产后 1 小时内应帮助新生儿尽早实现第一次吸吮，对成功建立母乳喂养十分重要。

③ 促进乳汁分泌

按需哺乳 3 月龄内婴儿应频繁吸吮，每日不少于 8 次，可使母亲乳头得到足够多的刺激，促进乳汁分泌。

乳房排空 吸吮产生的“射乳反射”，可使婴儿短时间内获得大量乳汁；每次哺乳时应先喂空一侧乳房，再喂另一侧，下次哺乳则从未喂空的一侧乳房开始。

乳房按摩 哺乳前热敷乳房，从外侧边缘向乳晕方向轻拍或按摩乳房，有促进乳房血液循环、感觉神经的传导和泌乳的作用。

乳母生活安排 乳母身心愉快、睡眠充足、营养合理（需额外增加能量 2.9×10^6 焦 / 日），可促进泌乳。

④ 正确的喂哺技巧

哺乳前准备 等待哺乳的婴儿应在清醒状态和有饥饿感时，家长提前更换好干净的尿布。哺乳前让婴儿用鼻推压母亲的乳房，婴儿的气味、与乳母身体的接触都可刺激乳母的射乳反射。

哺乳方法 每次哺乳前，母亲应洗净双手。正确的喂哺姿势有斜抱式、卧式、抱球式。无论用何种姿势，都应该让婴儿的头和身体呈一条直线，婴儿身体贴近母亲，头和颈得到支撑，脸贴近乳房，鼻子对着乳头。正确的含接姿势是婴儿的下颌贴在乳房上，嘴张得很大，将乳头及大部分乳晕含在嘴中，下唇向外翻，嘴上方的乳晕比下方多。能看到婴儿慢而深地吸吮，能听到吞咽声，表明含接乳房姿势正确，吸吮有效。哺乳过程中要有母婴互动交流。

哺乳次数 对 3 个月内的婴儿应按需哺乳。4 ~ 6 个月逐渐定时喂养，每 3 ~ 4 小时 1 次，每日约 6 次，可逐渐减少夜间哺乳次数，帮助婴儿形成夜间连续睡眠能力。但有个体差异，必须区别对待。

（3）常见的母乳喂养问题

①乳量不足

正常乳母产后 6 个月内每天泌乳量随婴儿月龄增长而逐渐增加，成熟乳量平均每日 700 ~ 1 000 mL。婴儿母乳摄入不足可出现以下表现：体重增长不足，生长曲线平缓甚至下降，尤其新生儿期体重增长低于 600 g；小便每天少于 6 次；吸吮时听不到吞咽声；每次吃奶后常哭闹不能安静入睡，或睡眠时间小于 1 小时（新生儿除外）。

若因乳量不足影响婴儿生长，应劝告母亲不要轻易放弃母乳喂养，可在每次哺乳后用配方奶补充母乳的不足。

②乳头内陷或皲裂

乳头内陷需要产前或产后做简单的乳头护理，每日用清水（忌用肥皂或酒精之类）擦洗、挤、捏乳头，母亲亦可用乳头矫正器矫正乳头内陷。母亲应学会“乳房喂养”而不是“乳头喂养”，大部分婴儿仍可从扁平或内陷乳头中吸吮乳汁。每次哺乳后可挤出少许乳汁均匀地涂在乳头上，乳汁中丰富的蛋白质和抑菌物质对乳头表皮有保护作用，可防止乳头皲裂及感染。

③溢奶

发生原因 小婴儿胃容量较小，呈水平位，且具有贲门括约肌松弛、幽门括约肌发育却较好等消化道的解剖生理特点，因此，6 月龄内的婴儿常出现溢奶。喂养方法不当导致吞入气体过多或过度喂养亦可造成溢奶。

缓解方法 喂奶后将婴儿头靠在母亲肩上竖直抱起，轻拍背部，可帮助排出吞入的空气而预防溢奶。婴儿睡眠时宜右侧卧位，可预防睡眠时溢奶导致的窒息。若经指导后婴儿溢奶症状无改善，或体重增长不良，应及时转诊。

④母乳性黄疸

母乳性黄疸是指纯母乳喂养的健康足月儿或近足月儿出生 2 周后发

生的黄疸。母乳性黄疸婴儿一般体格生长良好，无任何临床症状，无须治疗，黄疸可自然消退，应继续母乳喂养。若黄疸明显，累及四肢及手足心，应及时就医。如果血清胆红素水平 >15 ~ 20 mg/mL，且无其他病理情况，建议停喂母乳 3 天，待黄疸减轻后，可恢复母乳喂养。停喂母乳期间，母亲应定时挤奶，维持泌乳，婴儿可暂时用配方奶替代母乳。再次喂母乳时，黄疸或有反复，但不会达到原有程度。

⑤ 母亲外出时的母乳喂养

母亲外出或上班后，应坚持母乳喂养。每天哺乳不少于 3 次，外出或上班时挤出母乳，以保持母乳的分泌量。

（4）母乳储存方法

母亲外出或母乳过多时，可将母乳挤出存放至干净的容器或特备的“乳袋”中，妥善保存在冰箱或冰包中。不同温度下母乳储存时间可参考下表。

储存条件	最长储存时间
室温（25℃）	4 小时
冰箱冷藏室（4℃）	48 小时
冰箱冷冻室（–20℃）	3 个月

注：冷藏的母乳食用前用流动的温水温热至 40℃左右即可喂哺

（5）不宜喂养母乳的情况

母亲正接受化疗或放疗、患活动期肺结核且未经有效治疗、患乙型肝炎且新生儿出生时未接种乙肝疫苗及乙肝免疫球蛋白、HIV 感染、乳房上有疱疹、吸毒等情况下，不宜母乳喂养。母亲患其他传染性疾病或服用药物时，应咨询医生，根据情况决定是否可以哺乳。

2. 部分母乳喂养

母乳与配方奶或其他乳类同时喂养婴儿为部分母乳喂养，其中母乳与配方奶同时喂养的方法有以下两种：

（1）补授法 6 月龄内婴儿母乳不足时，仍应维持必要的吸吮次数，以刺激母乳分泌。每次哺喂时，先喂母乳，后用配方奶补充母乳不足。补授的乳量根据婴儿食欲及母乳分泌量而定，即“缺多少补多少”。

（2）代授法 一般用于 6 月龄以后无法坚持母乳喂养的情况，可逐渐减少母乳喂养的次数，用配方奶替代母乳。

3. 配方奶喂养

（1）喂养次数 因新生婴儿胃容量较小，出生 3 个月内可不定时喂养。3 个月后婴儿可建立自己的进食规律，此时应开始定时喂养，每 3 ~ 4 小时 1 次，每日约 6 次。允许每次奶量有波动，避免刻板要求婴儿摄入固定的奶量。

（2）喂养方法 在婴儿清醒状态下，采用正确的姿势喂哺，并注意母婴互动交流。应特别注意选用适宜的奶嘴，奶液温度应适当，奶瓶应清洁，喂哺时奶瓶的位置与婴儿下颌成 45° 。同时，奶液宜即冲即食，不宜用微波炉热奶，以免奶液受热不均或过烫。

（3）奶粉调配 应严格按照产品说明的方法进行奶粉调配，避免过稀或过浓，或额外加糖。

（4）奶量估计 配方奶作为 6 月龄内婴儿的主要营养来源时，需要经常估计婴儿奶的摄入量。3 月龄内婴儿奶量为每日 500 ~ 750 mL，4 ~ 6 月龄婴儿为 800 ~ 1000 mL，逐渐减少夜间哺乳。

（5）治疗性配方奶选择

水解蛋白配方 对确诊为牛乳蛋白过敏的婴儿，应坚持母乳喂养，可继续母乳喂养至 2 岁，但母亲要限制奶制品的摄入。不能获得母乳且牛乳蛋白过敏的婴儿应首选氨基酸配方奶或深度水解蛋白配方奶，不建议选择部分水解蛋白配方奶、大豆配方奶。

无乳糖配方 对有乳糖不耐受的婴儿应使用无乳糖配方奶（以蔗糖、葡萄糖聚合体、麦芽糖糊精、玉米糖浆为碳水化合物来源的配方奶）。

低苯丙氨酸配方 对确诊苯丙酮尿症的婴儿应使用低苯丙氨酸配方奶。

（二）睡眠

1. 睡眠时间

新出生的宝宝一整天几乎是在睡眠中度过的，他几乎24小时在睡觉。新生儿的睡眠时间存在个体差异，每天的睡眠时间平均为14 ~ 17个小时（正常范围在11 ~ 19个小时）。新生宝宝在相临睡眠周期之间常有1 ~ 2小时的清醒。

2. 睡眠习惯

新生宝宝没有白天和黑夜的区分，一餐吃饱后最多只能坚持3 ~ 4小时，所以出生头几周的宝宝经常不分昼夜地醒来吃奶。不过我们可以开始培养他晚上睡觉白天玩耍的习惯。夜间喂奶尽量保持安静，不开灯，尽量减少入夜后更换尿布的频率。

四、安全

（一）预防窒息

1. 不要让宝宝和大人同睡一张床，以免大人睡得过熟压到宝宝，或大人的被子堵住宝宝口鼻，引起窒息。

2. 床垫不能太软，不要给宝宝使用宽松的毯子，以免被缠住，可以给他使用睡袋。

3. 不要在宝宝头部周围放置衣物和玩具，以免堵住宝宝口鼻，引起窒息。

4. 宝宝最安全的睡姿是仰卧位，一定不要让宝宝俯卧睡觉，因为容易引起窒息。

（二）禁止摇晃

安抚宝宝时，不要瞬间用力或长时间剧烈摇晃宝宝。

（三）注意细绳

1. 宝宝的手脚爱乱抓乱动，给宝宝新买的衣服和袜子，一定要记得先把线头剪掉或直接反穿，以免线头缠住宝宝手指或脚趾。

2. 不要在宝宝的小床上系细绳。

3. 妈妈抱宝宝的时候，长发要尽量扎起，以免不小心缠绕到宝宝手指上。

4. 尽量不穿带绳子或带子的衣服，宝宝的衣服最好选用按扣或拉链的款式。

（四）洗澡

1. 给宝宝洗澡时，要先在浴盆中放好水，调好温度，再将宝宝放进去。

2. 要控制好室温和水温。室温一般维持在 28℃左右，水温控制在 38 ~ 40℃。

3. 洗澡时注意不要让水进入耳朵，洗完澡后还要对宝宝的脐部进行消毒。

4. 不要在宝宝刚吃完奶时给宝宝洗澡，那样容易吐奶。

五、预防接种

（一）乙肝疫苗

由出生的医疗机构在生后 24 小时内为宝宝接种第一剂乙肝疫苗，HBsAg 阳性的母亲所生的新生儿，可按照医嘱在出生后接种第一剂乙肝疫苗的同时，在不同（肢体）部位肌肉注射 100 国际单位乙肝免疫球蛋白。

（二）卡介苗

出生时接种 1 剂。

卡介苗补种原则：

（1）未接种卡介苗的未满 3 个月儿童可直接接种。

（2）对于 3 月龄到 3 岁儿童对结核菌素纯蛋白衍生物或卡介苗蛋白衍生物试验阴性者，应予补种。

（3）对于 4 岁以上儿童不予补种。

（4）对于已接种卡介苗的儿童，即使卡痕未形成也不再予以补种。

第六章 第 1 个月（7~30 天）

一、体格生长发育

体重	新生儿平均每天增加 20 ~ 40 g 的体重，满月时男婴平均体重 4.5 kg，女婴 4.2 kg
身长	第 1 个月，婴儿的身长会增加 4 ~ 5 cm。男婴一般比同龄的女婴高（大约高出 1 cm），满月时男婴平均身长 54.7 cm，女婴 53.7 cm
头围	婴儿的颅骨尚未完全闭合，前 4 个月是颅骨生长最快的阶段。因为男婴的体型比女婴稍大一些，男婴的头围也会更大。满月时男婴平均头围 37.3 cm，女婴 36.5 cm

二、神经心理发育

（一）运动发育

1. 大运动发育

（1）趴着时可稍微抬起头，可以将头从一侧转向另一侧。

（2）竖抱时可短暂竖头。

（3）拉着他的手臂慢慢坐起来，他的头会向后仰。

（4）趴在床上，他还会做出爬行的动作。

（5）四肢有时会出现抖动。

2. 精细运动发育

（1）可以把手送到嘴里。

（2）大部分时间两只小手仍紧紧握拳。

（3）放一个摇铃在他的手心里，他会本能地抓住。

（二）认知发育

新生儿对世界的认识是从感知运动发展开始的。宝宝生下来不久就会看东西，喜欢看轮廓鲜明和深浅对比强烈的图形，可能是因为这些图形对视网膜的刺激更大，因此，黑白相间的棋盘比一块纯白布更能吸引新生儿的注意。他还喜欢看人脸和颜色鲜艳的东西，他的目光会跟随稍稍离开视线、缓慢移动的人脸、红球等。这一阶段的宝宝会对附近的大部分声音做出警惕的表情或表现出倾听的样子，但通常不会伴随看的动作。你会发现宝宝会越来越熟练地找寻或吸吮乳头，以及用眼睛捕捉并跟随附近缓慢移动的物体。

（三）语言发育

这个阶段的宝宝喜欢听大人的语音。快满月时，他听到妈妈说话声能暂时停止哭泣。除了发出有意义的哭声外，他还会从喉咙里发出打嗝声和细小的喉音。

（四）情感发育

婴儿出生后，家里开始出现不一样的声音。他会在饿了、困了或有其他不舒服时哭闹，在尝到不喜欢的味道时咧嘴，在看到他感兴趣的事物时用眼睛追视，在听到他感兴趣的声音时凝神聆听，在被有效安抚或得到满足时哭闹声会即刻或等一会儿自行停止。

（五）社交发育

婴儿开始出现无意识的微笑。当照顾者逗引婴儿时，他会出现微笑。微笑就是孩子释放的最初信号，父母对这些微小的信号要敏感，及时做出积极适当的回应。但此时这些微笑都是反射性的，而不是社会性的微笑。

三、营养与睡眠

（一）喂养

1. 母乳喂养

对母乳喂养儿应按需喂养，需要宝宝频繁吸吮，每日不少于 8 次，可使母亲乳头得到足够的刺激从而促进乳汁分泌。

2. 配方奶喂养

对配方奶喂养儿在 1 月龄内采取不定时喂养，每次奶量达到 60 ~ 90 mL，吃奶次数较多。未满月的宝宝如果睡眠时间超过 4 小时仍未醒来，尽量将宝宝叫醒吃奶。

（二）睡眠

1. 睡眠时间

这个年龄段的宝宝和出生头一周的宝宝一样，一整天几乎在睡眠中度过。每天的睡眠时间平均 14 ~ 17 个小时（正常范围在 11 ~ 19 个小时），个体差异较大；睡眠没有节律性，相邻的睡眠片段之间常有 1 ~ 2

小时的清醒。

2. 睡眠习惯

这个年龄段的宝宝不能区分白天和黑夜，一餐吃饱后最多只能坚持3～4小时，所以宝宝经常不分昼夜地醒来吃奶。我们可以培养他晚上睡觉白天玩耍的习惯，夜间喂奶尽量保持安静，不开灯，尽量减少入夜后更换尿布的频率，帮助宝宝逐步建立良好的睡眠习惯。

四、安全

（一）预防窒息

1. 不要在婴儿床上放置任何小物品，防止吞咽引起窒息。
2. 不要让宝宝和大人同睡一张床。
3. 床垫不能太软，不给宝宝使用宽松的毯子，可以给他使用睡袋。
4. 宝宝头部周围不要放置衣物和玩具，以免堵住宝宝口鼻。
5. 一定不要让宝宝俯卧睡觉，尽量让宝宝仰卧睡，因为不容易窒息。

（二）禁止摇晃

安抚宝宝时，不要瞬间用力或长时间剧烈摇晃宝宝。

（三）细绳

1. 给宝宝新买的衣服和袜子，一定要记得先把线头剪掉或直接反穿，以免线头缠住宝宝手指或脚趾。
2. 不要在宝宝的小床上系细的绳子。
3. 妈妈抱宝宝的时候，长发要尽量扎起，以免不小心缠绕到宝宝手指上。
4. 宝宝尽量不穿带绳子或带子的衣服，最好穿用按扣或拉链的款式。

五、预防接种

（一）乙肝疫苗

宝宝满月后由社区预防接种门诊为其接种第二剂乙肝疫苗。与第一剂乙肝疫苗至少间隔 4 周。

（二）注意事项

1. 根据《中华人民共和国疫苗管理法》第五章第四十七条规定，国家对儿童实行预防接种证制度。在儿童出生 1 个月内，其监护人应当到儿童居住地承担预防接种工作的单位或出生医院为其办理预防接种证。接种单位或出生医院不得拒绝办理。监护人应当妥善保管预防接种证。

2. 预防接种实行居住地管理，儿童离开原居住地期间，由现居住地承担预防接种工作的单位对其实施接种。

六、亲子游戏

铃儿响叮当

目的	检查听力，发展视听觉
工具	摇铃、沙锤等
方法	在宝宝头的两侧摇铃，节奏时快时慢，音量时大时小。先不要让孩子看到摇铃，观察其对铃声有无反应，如听到铃声停止哭闹或动作减少等。也可边摇边说："铃！铃！铃儿响叮铛！"锻炼宝宝根据铃声线索用眼睛寻找声源，每天 2 ~ 3 次

第七章 2~3 个月

一、体格生长发育

此时期婴儿体格生长仍然非常迅速，但较新生儿时期略有下降。

体重	2 ~ 3 月龄婴儿每月体重增长 0.7 ~ 1.1 kg，3 个月时体重约为出生体重的 2 倍，约 6 kg。男婴平均 6.4 kg，女婴 5.8 kg
身长	2 ~ 3 月龄的宝宝身长以每月 2.7 ~ 3.7 cm 的速度增长。3 个月时比出生时身长约增加 10 cm，为 60 cm 左右。男婴平均 61.4 cm，女婴 59.8 cm
头围	2 ~ 3 月龄的宝宝头围以每月近 2 cm 的速度增长。3 个月时男婴平均头围 40.5 cm，女婴 39.5 cm

二、神经心理发育

（一）运动发育

1. 大运动发育

（1）宝宝颈部力量逐渐增强，俯卧可抬头 45° ~ 90° ，少数可抬起胸部。

（2）竖头较稳，偶尔会有小的晃动。

（3）拉着他的手臂慢慢坐起来，他的头会逐渐地不再后仰。

（4）俯卧或仰卧时可以抬腿踢来踢去。

2. 精细运动发育

（1）双手可抱在一起放进嘴里。

（2）可以主动将手举到面前，盯着手看。

（3）双手逐渐放松，大部分时间处于半开半合状态，双手可以张开也可以握拳。

（4）会用手打、抓取悬挂在面前的玩具。

（5）可以抓住放在手心里的摇铃，还可以把摇铃放进嘴里。

（二）认知发育

这个阶段的宝宝开始以几种有趣的方式探索世界。他是一名观察者，喜欢看移动的物体，对较远处物体的兴趣也在逐渐增加，尤其喜欢看人脸或人脸的照片。他喜欢看自己的手或手指的活动，不久就能把手放进嘴里吸吮。在满 3 个月的时候，宝宝的手成了一种可以看、可以动、可以放进嘴里甚至可以吸吮的东西。

这个阶段的宝宝能抓住放在他手里的任何物品，然后放到嘴里吸吮和啃咬。宝宝这样做有两个原因：一是他开始用嘴巴探索；二是在长牙之前，他的牙床可能会有些不适，这种不适可以通过啃咬物体来缓解。他对声音的兴趣也在不断增加，有的宝宝可以在听到声音时转头寻找。

（三）语言发育

这个阶段的宝宝偶尔会笑出声来，跟他说话时他会摆动脑袋，并从喉咙中发出微小的声音或咕咕声，他可以察觉到大人说话音调上的变化，注重听人声和音乐，对妈妈的声音有反应，哭声中开始有情绪的表现。

如果有人对他说话，他会用微笑、动动嘴巴、发声或其他开心的方式做出反应，身体也会兴奋地活动。

（四）情感发育

婴儿开始对人的面孔和声音表现出浓厚的兴趣。看见熟人的脸时，他的视线会跟着人脸的移动而移动；听到熟悉的人声时，他会停止正在进行的活动进行“专心地聆听”，同时可能会露出社交性微笑，这是其社会化情绪发育的开始。

（五）社交发育

宝宝通过哭、笑、肢体动作和一些表情对外界做出反应，照顾者对这些反应要敏感并及时做出反馈，如经常抱婴儿，不要总是等到他哭时再抱。抱他时，妈妈可以面向他微笑、轻拍手、张开双手说：“妈妈抱抱，妈妈抱抱。”与婴儿玩耍时，可以变换不同的表情，让他逐渐学会观察和辨别这些表情。大约在 2 个月时，同伴的出现就会引起宝宝的注意，他们相互注视，这是宝宝之间交往的开始。

三、营养与睡眠

（一）喂养

1. 母乳喂养

母乳喂养的妈妈需要按需喂养宝宝，宝宝需频繁吸吮，每日不少于 8 次，可使母亲乳头得到足够的刺激从而促进乳汁分泌。宝宝白天可 2 ~ 3 小时吃奶 1 次，夜间如果睡眠好，可以 4 ~ 5 小时 1 次。

2. 配方奶喂养

配方奶喂养的宝宝在 2 个月时每次吃奶量约为 120 mL，一天奶量为 500 ~ 750 mL。

（二）睡眠

1. 睡眠时间

2 ~ 3 个月的宝宝随着大脑的发育，与外界环境互动逐渐增加，清醒时间也相应地延长。宝宝平均睡眠时间为 12 ~ 15 个小时，个体差异较大，通常夜间睡 9 ~ 10 个小时，白天 3 ~ 4 个小时。

2. 睡眠习惯

宝宝在 2 ~ 3 个月大时，会变得更加机敏且喜欢与人接触。可以尝试让他习惯在每天完成一些固定活动后，到了睡觉时间自己入睡。家长可根据孩子的特性或生活习惯为孩子建立合适的睡前常规。最重要的是孩子必须吃饱、换上干净的尿布及有入睡的准备。此月龄宝宝的睡眠方式是同屋不同床，尽量让宝宝睡婴儿床。

在这个年龄段可以帮助宝宝区分白天和黑夜。首先，房间内的光线要有明暗的区别。白天光线要充足，睡前把室内光线调暗，让孩子知道睡觉时间到了。有些孩子半夜醒来，会因为害怕黑暗的环境而哭起来，

家长可以开个小夜灯陪着他。其次，白天与夜晚的活动应有所区别。白天在宝宝清醒时，尽量多跟他玩耍和说话，一来可以增进亲子感情，二来可以避免宝宝因无聊而睡多了。等宝宝累了，如眼皮下垂、用头或脸在你身上蹭或打哈欠时，要让他休息。白天小睡时间避免超过 4 小时。傍晚之后的活动不要剧烈，避免宝宝过度兴奋。

四、安全

（一）预防窒息

1. 要经常检查玩具是否完好，是否有容易扯下来的或损坏的小零件，以防宝宝误食引起窒息。

2. 不要在婴儿床上放置任何小物品，防止吞咽引起窒息。

（二）防止烫伤

1. 不要用微波炉给宝宝热奶，以免受热不均匀烫伤宝宝口腔，可以使用温奶器或隔水烫热。在给宝宝喂奶之前，要先在手腕处试试奶的温度。

2. 不要一边抱着宝宝，一边抽烟或吃热的食物或喝热的饮品。

3. 给宝宝洗澡前，一定先用手腕内侧试试水温，试好水温再将宝宝放入水中。

（三）防止摔落

1. 不要将宝宝单独放在床边，虽然他还不会翻身，但也有可能伸展身体，从床上摔下来。

2. 把宝宝放在婴儿车里面，安全带一定要系好，不要心存侥幸。

（四）防止碰伤

1. 如果你在婴儿床上悬吊了一些玩具，一定要保证牢固、安全，以免宝宝拉下碰伤。

2. 在外使用婴儿车时，只要车子停下来都要把轮子上面的刹车阀开启，避免有时路面是倾斜的，导致意外发生。

五、预防接种

（一）2 个月的宝宝可以接种以下疫苗

1. 第一剂脊灰灭活疫苗。

2. 第一剂五联疫苗（脊灰灭活 + 百白破 + B 型流感嗜血杆菌疫苗）。

3. 第一剂肺炎疫苗。

4. 第一剂 B 型流感嗜血杆菌疫苗。

5. 第一剂轮状病毒疫苗（取决于疫苗的类型，单价轮状病毒疫苗 3 岁之前每年口服 1 次，五价轮状病毒疫苗全程口服 3 次）。

（二）3 个月的宝宝可以接种以下疫苗

1. 第二剂脊灰灭活疫苗。

2. 第一剂百白破疫苗。

3. 第一剂四联疫苗（百白破 + B 型流感嗜血杆菌疫苗）。

4. 第二剂五联疫苗（脊灰灭活 + 百白破 + B 型流感嗜血杆菌疫苗）。

5. 第二剂肺炎疫苗。

6. 第二剂 B 型流感嗜血杆菌疫苗。

7. 第二剂轮状病毒疫苗（取决于疫苗的类型，单价轮状病毒疫苗 3 岁之前每年口服 1 次，五价轮状病毒疫苗全程口服 3 次）。

六、亲子游戏

（一）逗引宝宝

目的	促进亲子间的情感交流
环境	安静的环境
玩法	养育者把宝宝从床上抱起来，贴近自己的身体，看着宝宝做出比较夸张的、有意思的面部表情，以吸引宝宝的注意。可重复表情，多次逗引宝宝，让他发笑或停止哭泣。如果宝宝回应不多，可以发出一些特别的声音，增加趣味性

（二）抬起头，挺起胸

目的	锻炼头部控制和用肘支撑身体的能力
工具	镜子等
玩法	宝宝俯卧在床上，养育者用立着的人脸大小的镜子放在他头部前距眼 20 cm 左右的地方，帮助宝宝把一侧肘部放好，此时宝宝会努力把另一侧也放好，使胸部撑起来，来观赏自己的小脸。也可以用拨浪鼓在镜子后面逗引他抬起头、挺起胸、寻声

第八章 4~6 个月

一、体格生长发育

体重	4 ~ 6 个月的宝宝体重以每个月 0.45 ~ 0.56 kg 的速度增重。6 个月时男婴平均体重 7.9 kg，女婴 7.3 kg
身长	4 ~ 6 个月的宝宝身长以每个月 2.0 cm 的速度增长。6 个月时男婴平均身长 67.6 cm，女婴 65.7 cm。以后身长增长速度随年龄的增加而逐渐减慢，呈现非匀速增长
头围	4 ~ 6 个月的宝宝头围以每个月 1.0 cm 的速度增长。6 个月时男婴平均头围 43.3 cm，女婴 42.2 cm

TIPS

我们不仅要关注孩子的身长、体重，还要关注他的生长速度。定期测量，然后将数值标注在生长曲线表上，确定他以合适的速度继续生长发育。假如你发现他生长曲线偏离，曲线下降到另一条生长曲线上，或身长、体重增长异常缓慢，应该及时带他看儿保科医生。

二、神经心理发育

（一）运动发育

1. 大运动发育

（1）俯卧时宝宝可用前臂或手臂伸直将胸部抬起，且能灵活地转头观察四周。可趴着摇晃身体、踢腿，呈“游泳式”。

（2）开始从仰卧位翻身到侧卧位，再到俯卧位。也有的是先学会由俯卧变为仰卧。

（3）双手双脚向中线交叉，可以用手抓住自己的脚，并放入口中。

（4）可以靠坐片刻或用双上肢支撑身体前倾坐。

（5）扶持腋下可以站立、跳跃（不跳跃也有）。

2. 精细运动发育

（1）4 个月时可伸手抓住递到手边的物品，可自如地将手里的东西送进嘴里。

（2）5 个月时手眼更加协调，可主动伸手抓住眼前的物品。

（3）6 个月时开始伸手够物，由近到远，由平伸到抬高。宝宝可以用手拍打或玩弄面前的东西，并把它捡起来。但他还不会用拇指和食指捏起小的东西。

（二）认知发育

这个阶段的宝宝很喜欢伸手够物，他从只能抓到手旁边的物品，到慢慢可以伸手去够稍远的物品；抓东西的时候，他会从不协调逐渐发展到手眼协调，抓的物品也会从大物品逐渐过渡到小物品。

此外，宝宝视听协调性更强。当听到声音的时候，他会用眼睛寻找声源，会将眼睛和头转向附近发出声音的地方；可以追视逐渐远去或从眼前掉落的物品，将头转向物品消失的地方。宝宝会通过拿起、敲击、啃咬、摇晃物品等方式来探索这个世界。

（三）语言发育

这个阶段的宝宝喜欢听夸张的语调、速度较慢的语言和高的音调。他开始牙牙学语，能发出元音和一连串类似音节的声音，如有意的尖叫、嚎叫、咯咯笑、咕哝、轻哼或大叫。他喜欢观察别人的嘴，听到别人的声音后力图模仿。他开始区分声音，听到妈妈的声音时会看妈妈，听到爸爸的声音时会看爸爸，会对人的声音做出更明确的反应，开始理解自己的名字，比如当你喊他的名字时他会转头看向你。

（四）情感发育

婴儿对主要照顾者发出更多的社会性微笑，开始主动发出“咿咿呀呀”的声音——好似可以使用这种独特的“语言”与我们有问有答地对话。在被逗引时，他会开心地笑出声来；在不舒服或未被满足时，他会通过哭闹、皱眉表达他的不开心、伤心、痛苦、愤怒，此时他会更容易接受主要照顾者的安抚。有些婴儿在此阶段会出现认生甚至恐惧反应。

（五）社交发育

宝宝能向同伴微笑和发出“呀呀”的声音，并且开始对成人关注更多，此时他能明显地区分出熟悉与不熟悉的人。主要照顾者可多带宝宝外出，逐步接触他人。宝宝与他人接触时，主要照顾者要观察宝宝对他人的反应，教宝宝用微笑、发音与熟悉的人交往，逐渐适应生人。这个阶段妈妈可能需要外出工作，为了让宝宝更好地适应这种变化，其他照顾人需要提前参与到宝宝的照护工作中。

三、营养与睡眠

（一）喂养

1. 母乳喂养

母乳喂养的宝宝 3 个月后可建立自己的进食规律。此时应按时喂养宝宝，大约每 3 小时喂养 1 次， 每日 6 ～ 7 次。

2. 配方奶喂养

对配方奶喂养的宝宝3个月后也应按时喂养，每3 ～ 4小时喂养1次，每日 5 ～ 6 次。3 ～ 4 个月时每天吃奶量为 700 ～ 800 mL，但不绝对，因人而异。5 ～ 6 个月时每天吃奶量为 800 ～ 1000 mL，为预防肥胖，不主张超过 1000 mL。家长开始逐渐减少夜间哺喂次数。

3. 辅食添加

（1）准备　宝宝一开始接触辅食以泥为主，家长必须将食物烹饪后研磨成泥状让宝宝食入。为防止食物飞溅，喂宝宝辅食时建议给宝宝带一个围嘴。

（2）辅食添加的基本原则　婴幼儿的生长发育及对添加食物的适应性存在一定的个体差异，添加辅食的时间、种类、数量及快慢等应根据婴儿的具体情况灵活掌握，循序渐进。一般而言，应遵循以下原则。

辅食添加的适宜年龄　对于大多数宝宝来说，满 6 个月是开始添加辅食的适宜年龄，其特点如下：①对别人吃东西感兴趣，并且能够自己拿食物；②喜欢将一些东西放到嘴里；③能更好地控制舌头，使食物在口中移动；④开始通过上下颌的张合运动进行咀嚼。

当婴儿出现下列3种情况时，可以提前添加辅食，但不应早于4个月。①母乳已经不能满足婴儿的需求，婴儿体重增加不理想；②婴儿有进食欲望，看见食物会张嘴期待；③婴儿口咽已经具备安全地接受并吞咽辅食的能力。

继续母乳喂养 在添加辅食期间，母乳仍然是营养素和某些保护因子的重要来源，所以不能完全断掉母乳。辅食添加前期阶段一般不应影响奶量的摄入。随着辅食数量、质量的增加，辅食添加中后期会相应地减少乳类的摄入。

由一种到多种 开始添加辅食时要一种一种地添加，当婴儿适应了一种食物后再开始添加另一种新食物，这样有助于观察婴儿对新食物的接受程度及其反应，特别是了解食物的消化情况和过敏反应。一种食物一般要适应 3 ~ 5 天后再考虑添加另一种新的食物。

由少量到多量 刚开始添加食物可先从每天 1 次开始，逐渐增加次数，增至 2 ~ 3 次，每餐食物的量也由少到多逐步增加。例如，刚开始添加 1/2 勺米粉和菜泥，渐渐增加到 2 ~ 3 勺。

由细到粗 为了与婴幼儿的咀嚼、吞咽能力相适应，早期阶段添加的辅食应是细软的泥糊状食物，逐步过渡为粗颗粒的半固体食物。当幼儿多数牙齿特别是乳磨牙长出后，可给予较大的团块状固体食物。

单独制作 婴儿辅食宜单独制作，不加盐、糖和其他调味品。除了家中不方便制作的含铁米粉、含铁营养包外，婴儿辅食可挑选优质食材在家中单独烹制。注意制作过程的卫生，现做现吃，不喂存留的食物。

按需喂养 婴幼儿的饭量、进食节奏均存在个体差异。一些儿童很容易习惯新食物，而另一些儿童接受一种新食物需要更长时间，甚至要尝试十多次才能接受。父母要善于观察了解婴儿膳食需求和进食状态，适时调整喂养节奏，个体化地满足婴儿膳食需求。定期测量其身长、体重等体格数据，可判断儿童是否摄入了充足的营养。

积极喂养 父母以积极、主动的态度及时回应儿童进食的提示和信号，以微笑、眼神交流和鼓励的话语积极回应儿童进食，注意给他尝试不同的食物组合、口味和质地，要缓慢和耐心地喂养。如果儿童停止进食，家长应先等待，然后再次尝试喂食。根据儿童发育水平，适时帮助儿童自主进食，以及练习用手、用勺、用杯进食以增加进食兴趣，积极鼓励儿童的进食行为，但不强迫进食，避免用食物作为安慰和行为奖励。

（3）辅食添加初始阶段（宝宝 6 个月） 初始阶段是抚养者尝试让婴儿感受辅食、接受辅食和练习咀嚼、吞咽等摄食技能的过程。这个过程有较大的个体差异，一般需 1 个月左右完成。

继续母乳喂养 这一阶段母乳喂养仍十分重要，母乳充足者不要用婴儿配方奶替代母乳。每天为婴儿提供 800 ~ 1000 mL 的奶量。

辅食种类 初始阶段添加的辅食，应是容易吞咽、易消化且不容易导致过敏的食物。强化铁的谷类食物，如强化铁的米粉等，蔬菜类如白萝卜、胡萝卜、南瓜、西红柿、菠菜泥等，水果类常见的有苹果、香蕉、梨子、木瓜泥等均是常用的选择。

食物质地 米粉可用乳汁或清水调制成泥糊状，避免过稀或过稠。蔬菜、水果处理后均捣成泥状，方便吞咽。喂时用勺子将食物送到儿童舌体的前端，让儿童自己通过口腔运动把食物移到口腔后部进行吞咽，避免把食物直接送到舌体后端，否则容易造成卡噎或引起恶心、呕吐。

餐次食量 开始每天 1 次，每次 1 ~ 2 勺米粉或蔬菜、水果泥。每次只添加一种，注意观察婴儿添加辅食后的反应。观察 3 ~ 5 天无不良反应后再添加另一种辅食。

（4）注意事项 给宝宝添加新辅食建议持续 3 ~ 5 天，宝宝皮肤无湿疹，嘴角无肿胀，无打喷嚏、流鼻涕，无腹泻、呕吐等反应，再更换成另一种食物。

（二）睡眠

1. 睡眠时间

4 ~ 6 个月的宝宝平均睡眠时间为 12 ~ 15 个小时，个体差异较大，通常白天睡 2 ~ 3 个小时。此月龄的宝宝生活习惯逐渐规律起来，晚上睡眠时间约占整天的 2/3；单次睡眠时间和白天醒来玩耍的时间较长。

2. 睡眠习惯

宝宝 4 ~ 6 个月大时，白天仍然需要小睡至少 2 次，一次在上午，另一次在中午或下午。通常只要宝宝晚上睡得好，白天家长可以不用过多干预。但是如果宝宝夜间睡得晚，很难入睡，家长一定要在他下午小睡的时候早点叫醒他。

这个年龄段，良好睡眠规律的建立仍然非常重要。由于宝宝变得更加机敏好动，晚上往往很难平静下来，因此，为他安排一个始终如一的“睡眠仪式”将有助于宝宝入睡。比如洗个热水澡、讲一个故事、喝两口奶……让他习惯每天完成一些固定活动后，到了睡觉时间自己入睡。家长可根据孩子的特性或生活习惯以建立合适的睡前仪式。入睡前宝宝必须吃饱，换上干净的尿布，做好入睡的准备。

四、安全

（一）预防窒息

不要给宝宝任何可能导致噎住的小的食物或玩具，以防窒息。

（二）防止烫伤

1. 不要一边抱着宝宝，一边抽烟或吃热的食物、喝热的饮品。

2. 不要给宝宝饮用微波炉加热的奶。给宝宝喂奶之前要先在手腕处试试奶的温度。

3. 热水、热的饭菜一定要放在宝宝够不到的地方。

4. 给宝宝洗澡前，一定先用手腕内侧试试水温，试好水温再将宝宝放入水中。

（三）防止摔落

1. 不要将宝宝一个人留在没有护栏的床上或沙发上、高的桌子或凳子上。在宝宝睡觉时家长也不能长时间离开，要不时地看看他是否一切正常。因为这个月龄的宝宝已经开始翻身，要时刻小心他从床上翻下来。

2. 宝宝慢慢长大，越来越爱动，坐婴儿车时安全带一定要系好，防止他从车内翻下来。

（四）预防溺水

1. 宝宝在浴盆里洗澡时，大人一定不能离开，万一口鼻不小心浸在水中，很浅的水就能让宝宝发生溺水。

2. 婴儿游泳过程中，必须要有家长或工作人员在身边陪护，并且整个过程都不得离开。佩戴游泳圈前必须仔细检查泳圈有无漏气，并按照宝宝体型选择适合的泳圈，泳圈太大宝宝游泳时会滑落而发生危险，太小会导致宝宝不舒服。

（五）汽车安全座椅

宝宝乘车外出时，必须使用安装正确的安全座椅。座椅要反向安装（座位朝后），一定要安装在汽车的后座上，而不要安装在有安全气囊的前排座位上。一旦发生事故，弹出的安全气囊会对宝宝造成伤害。

五、预防接种

（一）4 个月的宝宝可以接种以下疫苗

1. 第三剂脊灰疫苗（口服脊灰减毒活疫苗）。

2. 第二剂百白破疫苗。

3. 第三剂五联疫苗（脊灰灭活 + 百白破 + B 型流感嗜血杆菌疫苗）。

4. 第二剂四联疫苗（百白破 + B 型流感嗜血杆菌疫苗）。

5. 第三剂肺炎疫苗。

6. 第三剂 B 型流感嗜血杆菌疫苗。

7. 第三剂轮状病毒疫苗（取决于疫苗的类型，单价轮状病毒疫苗 3 岁之前每年口服 1 次，五价轮状病毒疫苗全程口服 3 次）。

（二）5 个月的宝宝可以接种以下疫苗

第三剂四联疫苗（百白破 + B 型流感嗜血杆菌疫苗）。

（三）6 个月的宝宝可以接种以下疫苗

1. 第三剂乙肝疫苗。

2. 第一剂 A 群脑膜炎球菌多糖疫苗。

3. 在宝宝 6 月龄至 36 月龄期间，如果正值流感爆发季节，可以接种第一剂流感疫苗，第二剂在 1 个月后接种。

六、亲子游戏

（一）抓拿玩具

目的	增加宝宝主动够物的意识和手眼协调的能力
工具	积木、拨浪鼓等玩具
玩法	在宝宝的周围放置感兴趣的玩具，供宝宝抓拿，如积木、拨浪鼓、杯子等。等宝宝注意到玩具后，可以鼓励他伸手抓玩具，也可以将玩具左右移动，让宝宝追随玩具，最后给宝宝机会抓住玩具

（二）我是翻身“小达人”

目的	宝宝在成人帮助下练习翻身
工具	拨浪鼓、沙锤等玩具
玩法	宝宝仰卧时，养育者在其一侧用玩具逗引，鼓励他翻身去取。可握住宝宝另一侧手臂，轻轻地把身体拉向玩具一侧，帮助他学习翻身，并且鼓励宝宝不断地练习。也可以在宝宝俯卧位时逗引其翻向仰卧位

第九章 7~8 个月

一、体格生长发育

宝宝的体重、身长及头围增长较 6 个月之前开始减慢。

体重	7 ~ 8 个月的宝宝体重以每个月大约 0.3 kg 的速度增加。满 8 个月时，他的体重大概达到出生时的 2.5 倍，为 8 ~ 10 kg。男婴平均 8.6 kg，女婴 7.9 kg
身长	7 ~ 8 个月的宝宝身长以每月大约 1.5 cm 的速度增长。8 个月时男婴平均身长 70.6 cm，女婴 68.7 cm
头围	7 ~ 8 个月的宝宝头围以每月大约 0.5 cm 的速度增长。8 个月时男婴平均头围 44.5 cm，女婴 43.4 cm

二、神经心理发育

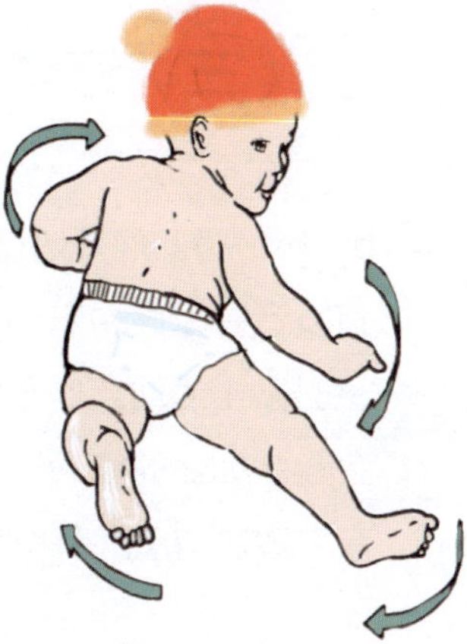

（一）运动发育

1. 大运动发育

（1）独坐稳定，不需扶持即可独坐，可以在坐位下转身够物，偶尔还会歪向一侧，但通常可以用手臂撑住自己。

（2）可以以腹部为中心转圈；可随意翻身，也可翻身坐起。

（3）开始用上肢和腹部匍匐前进，也可用上肢推着自己向后倒。

（4）部分宝宝可以由坐位转换到俯卧位。

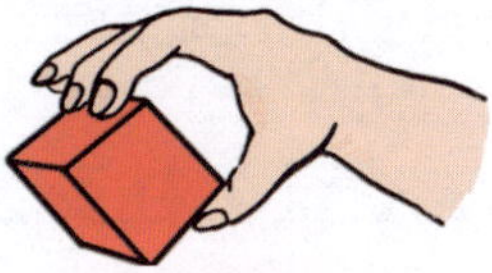

2. 精细运动发育

（1）手部动作越来越灵活，逐渐从用全手掌大把抓握，发展到可以用拇指和其他手指抓物。

（2）可以将玩具从一只手换到另一只手。

（3）可以用手指去触摸近处的小丸，可以用拇指和其他手指捏起小的物体。

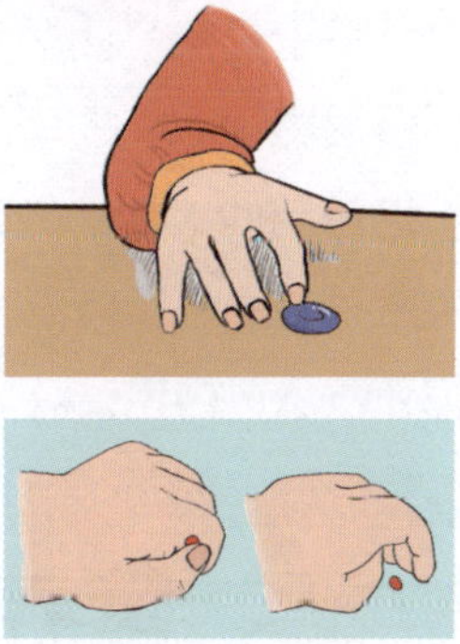

（二）认知发育

宝宝在反复的体验中开始理解“因果关系”，会重复做一些能带来有趣结果的动作，例如，宝宝为了听拨浪鼓的声音而不断去摇晃。除了可以用已经掌握的方式来玩玩具，如啃咬、拍打、抓握、摇晃或换手，他还开始出现解决问题的痕迹，如尝试拉床单够到玩具等。

（三）语言发育

宝宝可以发一些连续的音节，如“ma–ma–ma”“da–da–da”“ba–ba–ba”等。他开始有意识地模仿语音。当你对他说话时，他会试图模仿着发音并以此为乐。他的理解能力开始增强，听到大人说“不”时，会暂时停止活动。他还会对一些手势做出反应，如当你伸手去抱他时，他会迎合你。他能通过大人说话的音调来分辨情绪，同时会通过不同的语音来表达自己的喜悦和不满。

（四）情感发育

婴儿对主要照顾者开始表现出明显的依恋，一旦要与其分离会出现伤心、痛苦的情绪反应。与此同时，他对陌生人表现出明显的紧张、焦虑甚至恐惧，他会转头寻找母亲或依偎在母亲怀中甚至大声哭泣。

（五）社交发育与行为管理

宝宝开始“认识”自己，这时你可以让他在镜子前做一些动作，他会慢慢意识到镜子里的人就是自己。你也可以带宝宝多接触陌生人，逐步培养与他人相处的意识，创造机会让他和年龄相仿的宝宝一起玩耍。宝宝开始通过手势语言与人交往，你可以教他做拍手动作表示“欢迎”，摇手表示“再见”。

三、营养与睡眠

（一）喂养

这个阶段婴儿多数已经萌出了切牙，具有一定的咀嚼能力，吞咽能力、消化能力也在提高，你可以进一步增加辅食的种类和数量，达到代替 1 ~ 2 次母乳的程度。

1. 继续母乳喂养

每天母乳喂养至少 3 ～ 4 次，为婴儿提供 700 ～ 800 mL 的奶量。

2. 辅食种类

在前期辅食的基础上，适当增加谷薯类食物、蔬菜和水果的种类。注意食物的能量密度和蛋白质的含量，富含铁的食物、深色蔬菜优先。高蛋白食物包括动物性食物如蛋黄、畜禽类、鱼类等，以及豆类食物。红肉、肝泥、动物血中的铁含量丰富且易于吸收，而蛋黄及植物类食物中的铁吸收率较低。根据辅食种类搭配或烹制需要，可添加少许油脂，以植物油为佳，数量应在 10 g 以内。推荐应用辅食营养补充品（营养包）。

3. 食物质地

宝宝进食从泥状逐渐过渡到碎块状。适当增加食物的粗糙度，如从蔬菜泥、果泥到软的碎块状蔬菜和水果。可给 8 个月婴儿提供一定的手抓食物，如手指面包、蒸熟的蔬菜棒（块），以锻炼婴儿的咀嚼和动手能力。婴儿 9 个月后基本可用杯子进食液体食物。

4. 餐次食量

每天辅食喂养 2 次。谷薯类食物，如面条、面包或土豆等 3 ～ 8 勺，动物类、豆类食物如蛋黄、红肉、鸡肉、鱼肉、肝脏、豆腐等 3 ～ 4 勺，蔬菜、水果类各 1/3 碗。此时，婴儿具备了一定的手眼协调能力，家长应为其提供用手进食的机会，以提高婴儿自主进食的兴趣和积极性。

辅食添加是一个由少到多的渐进过程，推荐量只是达到稳定状态的平均量。婴儿生长发育迅速，个体差异较大，实际喂养中应视婴儿个体情况，按需喂养。定期测查儿童体重、身长等进行生长发育评价，可衡量喂养是否满足婴儿的营养需要。

5. 注意事项

（1）家长不要在宝宝食物里添加盐、糖、酱油或其他调味料，同时，不要随意让宝宝品尝成人饭菜，尤其是菜汤。

（2） 宝宝吃饭时可以坐在小儿餐椅上，与成人一起吃饭，并学习用手自我喂养，比如让宝宝用手拿条状食物学习咀嚼。

（二）睡眠

1. 睡眠时间

7 ~ 8 月龄的宝宝平均睡眠时间为 13 ~ 14 个小时，个体差异较大。通常白天睡约 2 个小时，每次小睡之间有 3 ~ 4 小时的清醒时间。约 50% 的婴儿能在晚上睡 6 个小时，夜间可以不起来喝奶。

2. 睡眠习惯

在这个年龄段，良好睡眠规律的建立仍然非常重要。宝宝变得更加机敏好动，晚上往往很难平静下来，因此，家长为他安排一个始终如一的“睡前仪式”将有助于宝宝入睡。家长可根据孩子的特性或生活习惯来建立合适的睡前仪式。入睡前宝宝需要吃饱，换上干净的尿布，做好入睡的准备。

四、安全

（一）预防窒息

1. 在宝宝能够爬到的区域内不要放任何能放入口中的物品；不要给宝宝玩带绳索的玩具，比如有话筒线的玩具电话。

2. 家里的塑料袋或塑料包装都要保管好，放在宝宝拿不到的地方，以免孩子玩耍时将塑料袋误套在头上引起窒息。放之前最好先打几个结。

（二）防止烫伤

1. 抱着宝宝时，不要抽烟或吃热的食物、喝热的饮品。

2. 热水或热的食物一定不要放在桌子边缘或宝宝能够到的地方。

（三）防止摔落、磕碰

1. 家里的家具边角要贴上防磕条或防磕角，防止宝宝头部磕碰。

2. 为了防止宝宝摔下床，可以在床边围上一圈防摔板。

3. 家里的抽屉可以配上锁或加上防夹手的抽屉锁，以免宝宝不小心夹住手。

4. 家中有楼梯的一定要在顶部和底部加装儿童防护门，以防宝宝摔落。

5. 不要将宝宝一个人留在沙发上或窗台上。

6. 宝宝坐婴儿车出门时，一定要给宝宝系好安全带。

（四）预防溺水

不要让宝宝单独待在浴室或其他水池、泳池、水槽旁边。

（五）汽车安全座椅

宝宝乘车外出时，必须使用安装正确的安全座椅，并系好安全带。建议使用反向安装的安全座椅。

五、预防接种

8 个月宝宝可以接种以下疫苗

1. 第一剂麻腮风疫苗（自 2020 年 6 月 1 日起，2019 年 10 月 1 日之后出生的儿童应接种麻腮风疫苗）。

2. 第一剂乙脑减毒活疫苗。

六、亲子游戏

（一）砰砰响

目的	宝宝通过观察或尝试敲击两个物品发出声响，以帮助他建立初步的因果关系
工具	积木等玩具
玩法	养育者两只手各拿起一块积木，给宝宝展示双手敲击积木发出声音，边敲边用夸张的声音和表情演示“敲一敲，砰砰砰”，以引起宝宝的兴趣。也可以替换不同的物品发出不同的声音，宝宝会非常兴奋。可以准备几个互相碰击时可以发出声响的物品，也可以拿着宝宝的手尝试这一动作

（二）照镜子

目的	观察镜子中的人，增强自我认知能力
工具	镜子
玩法	给宝宝照一面安全镜，并呼唤宝宝的名字，观察宝宝的反应。重复轻声地呼唤宝宝的名字，再次轻敲镜子吸引宝宝的注意，然后帮助宝宝用手去摸摸镜子，并以喜悦的表情以及声音赞赏宝宝的参与

第十章 9~12个月

一、体格生长发育

宝宝在这几个月的发育速度依然很快。

体重	9 ~ 12个月的宝宝体重以每个月0.2 ~ 0.3 kg的速度增重。到12个月时，宝宝的平均体重已经达到出生时的3倍，约9 kg，男童平均9.6 kg，女童8.9 kg
身长	9 ~ 12个月的宝宝身长每月以1 ~ 1.4 cm的速度增长。12个月时身长约75 cm，其中男童平均75.7 cm，女童74 cm
头围	9 ~ 12个月的宝宝头围以每月0.3 ~ 0.4 cm的速度增长。12个月时男童平均头围46.1 cm，女童44.9 cm

不过，每个孩子的生长发育速度不同，参考范围只是一个区间，家长应该继续根据孩子的生长曲线来判断他是否仍按照之前的模式生长发育。个体的生长曲线更重要。

二、神经心理发育

（一）运动发育

1. 大运动发育

（1）9 个月宝宝可以匍匐爬行，可以用手扶着围栏或其他方便抓扶的物体站起到身体完全直立，并持续站立。

（2）10 个月宝宝可以手膝缓慢爬行，从俯卧位坐起；可以自己抓住物体站立；能扶栏杆行走，边走边移动手。

（3）11 个月时宝宝轻轻地拉着大人的双手可以行走几步；可以一手扶栏杆协调地迈步走；可以一手扶着栏杆蹲下，另一只手捡起玩具再站起来。

（4）12 个月宝宝可以稳定地独自站立；大人牵一只手，不用力支持，仅帮助维持平衡，孩子可以行走数步。

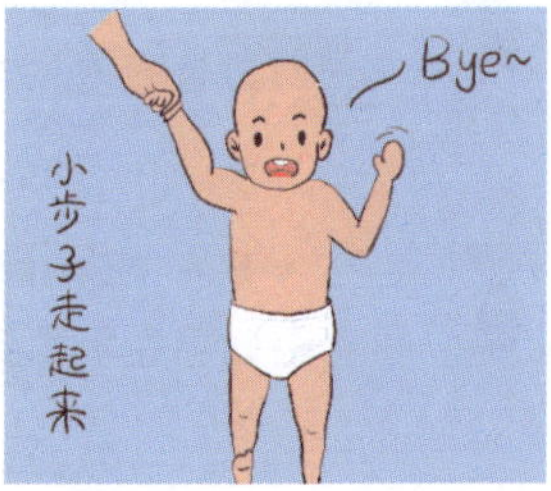

2. 精细运动发育

（1）9 个月宝宝可以用食指的侧面和大拇指的指腹抓起一些小的物件。

（2）10 个月宝宝可以用拇指和食指的指尖迅速、协调、熟练地对捏起很小的物体。

（3）11 个月宝宝可以用手触碰、摆弄玩具和食物，可用食指指向物品。

（4）12 个月宝宝可以捏住很小的物品放进口较窄的瓶子里，可以将瓶盖翻正放在瓶口，可以握笔涂涂点点。

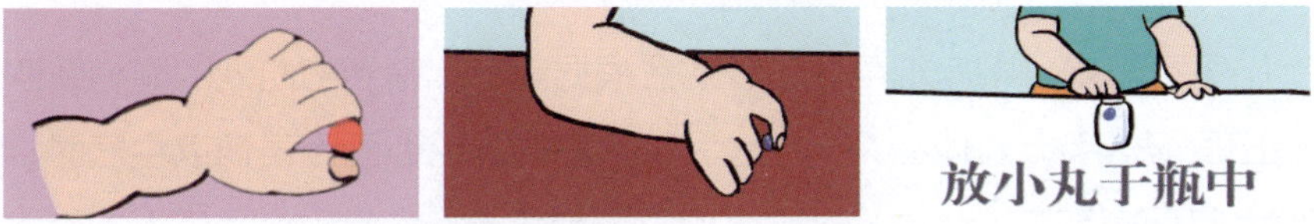

（二）认知发育

宝宝喜欢通过各种方式摆弄玩具，如用物品敲打桌面、用两个物品互敲、把物品扔到地上听声音或看其滚动的轨迹等。宝宝逐渐理解有些东西可以滚动，有些东西是硬的，有些东西可以放到另一些东西里，这为宝宝以后理解物品的形状、质感、大小等概念奠定了基础。

这个阶段宝宝已经开始发展出“客体永存”的概念——他认识到即使物品或人离开他的视线也仍然存在。例如，你在宝宝眼睛能够看到的地方躲起来或当着宝宝的面把玩具藏起来，他仍可以将藏起来的人或物找出来。

宝宝开始热衷于模仿别人的动作和姿势。当你做出一个简单的动作，宝宝可能会跟着你做。当宝宝快 1 岁时，他可以学会使用一些物品，比如杯子不仅可以用来敲打、啃咬、放入物品，也可以用来喝水。宝宝逐渐知道一些常见物品的名字和用途。

（三）语言发育

宝宝的语言表达由前语言阶段进入单词阶段。他开始说出第 1 个词，并逐渐有意识地称呼爸爸妈妈，即见到爸爸叫“爸爸”，见到妈妈叫“妈妈”。这个阶段手势语言发展得很快，能用手势示意“谢谢”“再见”，会用点头或伸手表示“要”，用摇头或推开表示“不要”。理解能力也在不断增强，当你对他说出常见物品的名称时，他会看或用食指指向物品所在的地方，比如你问他“灯在哪儿”，他会看向灯或把灯指给你看。

（四）情感发育

宝宝开始“察言观色”了，他会根据自己观察到的他人的情绪线索做出反应。当你对他微笑，他也会微笑回应；当你面无表情或生气时，他会收起微笑或感到害怕。宝宝对主要带养人的依恋和对陌生人的焦虑更加明显，尤其抵触与主要带养人的分离，可表现为剧烈且难以安抚的哭闹和愤怒。与此同时，在感到舒适安全的环境中，他开始对新鲜事物表现出好奇。

（五）社交发育与行为管理

宝宝开始出现一些简单的社交行为，如大笑、打手势和模仿。在宝宝使用手势语言表达自己需求的同时，大人可以辅以简单的言语表达。例如，当宝宝指向饼干时，你可以配合说出“要，要”或“拿，拿”等。与宝宝游戏时，可增加互动游戏，如将球滚给宝宝，再引导宝宝将球滚回给大人。你可以开始培养宝宝的自理能力，如鼓励宝宝使用杯子喝水、用手抓着吃饭，也可以开始培养宝宝的合作意识，如当给宝宝穿脱衣物时，注意引导宝宝抬胳膊、伸腿。

三、营养与睡眠

（一）喂养

通过前两个阶段的辅食添加，婴儿已经适应了多数的常见食物，并且达到了一定的进食数量，手眼协调摄取食物的能力得到发展，口腔咀嚼、翻动、吞咽食物的能力更加熟练。该阶段应进一步强化、巩固喂养模式，培养良好的饮食习惯，吃饭时尽量避免边吃边玩、边看电视，不要追逐喂养。

1. 继续母乳喂养

每天母乳喂养不少于 2 ~ 4 次，提供 600 ~ 700 mL 的奶量。

2. 辅食种类

继续添加各种谷类，如软米饭、手抓面包、磨牙饼干，豆类如豆腐、豆腐皮，动物性食物如鸡蛋、畜禽类、鱼类以及常见的蔬菜和水果等。油脂的量在 10 g 以内。推荐应用辅食营养补充品（营养包）。

3. 食物质地

婴儿长出了较多的乳牙，能处理更多粗加工食物，由泥状、碎末状食物逐渐过渡到碎块状、指状食物。但要避免进食不容易弄碎或过滑的食物，如鱼丸、果冻、爆米花等，以免引起窒息或其他意外。

4. 餐次食量

根据婴儿需要增加喂食量，一般每天 2 ~ 3 次，加餐 1 次。喂食量为每天谷薯类 1/2 ~ 3/4 碗，动物类如蛋黄、红肉、禽肉、鱼肉等 4 ~ 6 勺，蔬菜类和水果类各 1/2 碗。婴儿与家人同桌吃饭，在父母帮助下练习自己用勺进食，用杯子喝水。让进餐过程变得有趣，以增强儿童进食的积极性和主动性。

以上推荐量只是达到稳定状态的平均量，实际喂养中应视婴儿个体情况按需喂养。定期测查儿童体重、身长等进行生长发育评价，可衡量喂养是否满足婴儿的营养需要。

（二）睡眠

1. 睡眠时间

9 ~ 12 个月的宝宝平均睡眠时间约为 13 个小时，个体差异较大，通常白天睡约 2 个小时。

2. 睡眠习惯

这个年龄段的宝宝与照顾者的分离焦虑感增强，因此，可能会出现抗拒上床的现象，夜醒找大人的次数也会增多。在这个困难时期，家长需要采取多个措施，帮助孩子找到入睡的好方法。比如，一些孩子听着妈妈的声音更容易入睡，一些孩子养成了睡前吸吮手指的习惯，家长可以将毯子或毛绒玩具作为宝宝的情感寄托，为宝宝提供安全感。

四、安全

（一）防止摔落

不要让孩子攀爬窗台或是带滚轮的靠背椅子，避免造成头部磕伤或骨折。

（二）汽车座椅

家长在开车之前将孩子固定在获准生产、安装正确的汽车安全座椅上，孩子在体重达到 10 kg 或年满 1 周岁之前应面部朝后。

（三）防止烫伤

1. 携带热饮料或是食品时不要靠近孩子或是抱孩子。
2. 不要将装有热饮料或食品的容器放在桌子或是柜台的边缘。
3. 不要让孩子在厨房里爬来爬去。

（四）防止溺水

不要让孩子单独在浴室或盛水的容器旁边，如水池、水桶等。

（五）防止中毒和窒息

1. 在孩子爬行的区域不要遗留小物品。

2. 将药品或家用清洁产品放在孩子接触不到的地方。

3. 给盛有可能会伤害到孩子的物品的抽屉加装安全锁。

五、预防接种

（一）9 个月的宝宝可以接种以下疫苗

第二剂流脑 A 群脑膜炎球菌多糖疫苗。

（二）12 个月的宝宝可以接种以下疫苗

1. 第一剂水痘减毒活疫苗。

2.12 月龄至 15 月龄可以接种第四剂肺炎疫苗。

六、亲子游戏

（一）躲猫猫

目的	理解“虽然人或物品暂时看不见了，但其实仍然存在”的道理
工具	毛巾、纸张、杯子等
玩法	妈妈可以将毛巾或一张纸挡在脸前，同时问宝宝：“妈妈在哪里？”然后重新露出脸来。或将毛巾挡在宝宝脸上，然后突然取掉，同时开心地大声说：“看到宝宝了。”也可以将宝宝喜欢的玩具用毛巾等遮盖起来，鼓励让宝宝寻找。养育者可以变换声音，用夸张的表情，或抖动遮挡物等方式激发宝宝玩“躲猫猫”的乐趣

（二）好玩的豆子

目的	在有趣的活动中，促进宝宝的手眼协调能力
工具	豆子、碗、瓶子等
玩法	养育者可以和宝宝一起将豆子抓起来放到碗里或杯子里。为了激发宝宝的兴趣，养育者可以将抓到的豆子从高处撒落到碗里，落到碗里的豆子发出的声音会让宝宝很高兴。也可以让宝宝抓起豆子放到口径较小的瓶中，以锻炼宝宝准确松开手指的能力。整个游戏过程中，养育者需要特别注意别让宝宝将豆子吃进去

第十一章 13~18 个月

一、体格生长发育

幼儿期生长速度逐渐减慢。宝宝出生后第二年体重共增加 2.5 ~ 3 kg。15 个月的男孩平均体重 10.3 kg，平均身高 79.1 cm；同龄的女孩平均体重 9.6 kg，平均身高 77.5 cm。接下来的 3 个月，他们会增加大约 0.6 kg 的体重和 3.2 cm 的身高，即 18 个月的男孩平均体重 10.9 kg，平均身高 82.3 cm；同龄的女孩平均体重 10.2 kg，平均身高 80.7 cm。头围增长相比第一年明显变慢，1 ~ 2 岁这一年头围大概增长 2 cm。18 个月的男孩平均头围 47.4 cm，女孩 46.2 cm。

二、神经心理发育

（一）运动发育

1. 大运动发育

（1）能逐渐独立稳健地走路，起步和停步都不需要辅助，走动过程中不左右摇摆，很少摔倒。

（2）可以爬上大人的椅子，设法去拿够不到的东西。

（3）可以持续地倒退走。

（4）开始快速地走路，但并不是跑，身体尚不能很好地控制。

（5）可以蹲下玩耍，并保持平衡，不借助外力可以再站起来。

（6）可以自己扶着栏杆连续地两步一阶走上楼梯；牵家长的一只手可以两步一阶走下楼梯。家长仅帮助维持平衡，不用力支持。

2. 精细运动发育

（1）具有手眼协调的能力，能自如地抓拿小物件，可一手同时抓两块积木。

（2）能堆叠 4 块或 4 块以上积木。

（3）可以向着一个方向把书页完全翻过去，每次 2 ~ 3 页。

（4）可以将瓶盖盖在瓶口上，但是盖不严。

（5）开始随便乱涂画。

（二）认知发育

随着独立行走能力的发展，宝宝的探索范围逐渐扩大，他能够接触到的物品越来越多，各种日常生活物品、玩具、图书等都是他探究与认知的对象。他开始用笔在纸上“乱画”，并逐渐能够模仿画线。他能在要求下指认出熟悉的物品，喜欢将物品堆高再推倒，也喜欢将物品从容器中倒出来又放进去。他也喜欢开关灯，用遥控器开电视或空调等，以探究因果关系。与此同时，宝宝开始发展象征性游戏如过家家，他会拿着玩具梳子假装给布娃娃梳头。

（三）语言发育

这个阶段的宝宝以发展语言理解能力为主，1 岁的儿童可以理解 20 个左右的词汇，渐渐地懂得一些日常用品的名称，知道家庭成员的名字，能指出身体的 3 ~ 5 个部位。这个阶段的孩子似乎突然就理解你说的每一句话了。你说要吃饭了，他就会跑到餐桌旁边等着；你说坐在凳子上，他也能配合坐下。表达的词汇量开始增加，可以说出一些拟声词、称谓名词和日常生活用品的名称等。

（四）情感发育

幼儿对新鲜事物的好奇表现得更加淋漓尽致，尤其学会独走后。这种好奇表现为对周围环境不停地探索。在探索活动中，他有可能会遇到挫折，会出现挫败感，可表现为愤怒、发脾气。这时，他可能会不断寻求与照顾人接近，好似这是个安全港湾，为了再次地离开，他需要不断回来“充电”。

（五）社交发育与行为管理

宝宝开始模仿大人做家务，家长可把工具给他，让他尝试使用工具做家务，如用抹布擦桌子。有意识地培养宝宝如厕习惯，可提醒宝宝定点坐小马桶大小便，并辅以语言“宝宝尿尿啦”“拉臭臭啦”。宝宝开始出现同情心，如妈妈手碰疼了，可引导宝宝安慰妈妈，“妈妈手疼，宝宝帮妈妈吹吹”等。

培养宝宝听指令的能力，给宝宝简单的指令，如给宝宝擦嘴巴后说“宝宝，帮妈妈把垃圾扔到垃圾桶”，可伴随手势指引宝宝完成指令动作。宝宝开始理解他人的情感和意图，有了交往的需要，也产生了交往的行动，如通过模仿他人的动作或语言来吸引别人的注意等。

三、营养与睡眠

（一）饮食与营养

多数幼儿1岁后乳磨牙开始萌出，咀嚼能力明显提高，也具备较好的运动协调能力、一定的认知能力和自控能力。该阶段是进一步锻炼自主进食能力、养成良好饮食习惯的重要时期。

1. 继续母乳喂养

提供 400 ~ 600 mL 的奶量，母乳不足时或已经没有母乳者，选择以适合幼儿年龄段的配方奶作为替代。

2. 辅食种类

辅食已经占据食量的一半以上，逐步成为儿童食物的主体。除了前述谷薯类、动物类、蔬菜和水果类等普通食物外，一些容易引起过敏的食物如鸡蛋白、贝壳类（如虾、蟹）、坚果类（如杏仁、腰果和核桃）等可以尝试添加，但要适当粉碎加工，方便食用，并注意观察幼儿添加后的反应。注意口味清淡，每天油脂的量不高于 15 g，食盐量低于 1.5 g，避免刺激性的食物。推荐应用辅食营养补充品（营养包）。

3. 食物质地

尝试各种较大块的家常食物，如各种肉块、水果、果干或大块蔬菜等，以锻炼幼儿咀嚼、吞咽能力。但此时幼儿牙齿咀嚼和吞咽能力尚在发育过程中，食物的质地要比成人的食物松软一些，质地太硬的食物会引起咀嚼、吞咽困难。

4. 餐次食量

每日 3 餐，每餐 1 碗，另加餐 2 次（在两次正餐之间各加 1 次）。辅食数量是：每天谷物类 3/4 碗至 1 碗多，鸡蛋、红肉、禽肉、鱼肉共 6 ~ 8 勺，蔬菜类和水果类各 1/2 ~ 2/3 碗。

5. 奶瓶的使用

13 ~ 18 个月的幼儿已经大致尝试过各种家庭日常食物，并且可以用吸管杯喝水。从婴儿期过渡到幼儿期应训练他逐渐脱离奶瓶，因为奶瓶的使用与铁缺乏、肥胖以及龋齿的发生密切相关。应避免使用奶瓶喂果汁以及睡眠时使用奶瓶，尤其注意减少糖的摄入，这些都可以显著降低龋齿的发生。

6. 饮食习惯

儿童和家人同桌吃饭，培养其进食节律和良好的饮食习惯。鼓励幼儿用勺、手拿等方式自主进食。满 12 月龄的幼儿能用小勺舀起饭菜，但大多散落，至 18 月龄时部分幼儿能吃到大约半勺的食物。提倡顺应喂养，鼓励但不强迫进食。鼓励并协助幼儿进食，培养进餐兴趣。进餐时不看电视、玩玩具，每次进餐时间一般控制在 20 分钟内，最长不超过 30 分钟。

进餐时喂养者与幼儿应有充分的交流，不以食物作为奖励或惩罚。父母应保持自身良好的进食习惯，成为幼儿的榜样。

（二）睡眠

1. 睡眠时间

13 ~ 18 个月的宝宝平均睡眠时间为 11 ~ 14 个小时，一般夜间睡 9 ~ 10 个小时，白天睡 2 ~ 3 个小时。此年龄段的宝宝睡眠时间存在个体差异。一般来说，12 个月后幼儿白天仍有 2 次小睡，18 月龄时白天小睡 1 次。

2. 睡眠习惯

“睡前仪式”在这个年龄段显得尤为重要，无论仪式是洗澡、讲故事还是唱首歌，都应该以孩子安静地躺在床上结束，然后让孩子自己入睡。“睡前仪式”的改变往往是孩子夜间醒来的一个常见原因。换床、换房间、离家旅行、生病等都可能扰乱孩子的睡眠。

四、安全

（一）睡眠安全

1. 将婴儿床的床垫放到最低位置，防止孩子从婴儿床爬出造成伤害。
2. 婴儿床上不要放有潜在危险的物品，防止伤害到孩子。
3. 使婴儿床远离窗户、窗帘、电线、电源等。

（二）玩具安全

不要给孩子任何需要插电源的玩具，不要给孩子带有小零件或是尖锐边角的玩具。

（三）水安全

不要让孩子独自进入或接近水源，包括浴缸、马桶、游泳池、鱼塘、河流、湖泊或大海。

（四）汽车安全

1. 最安全的乘车位置是汽车后排座位，孩子应坐在汽车安全座椅中。

2. 汽车启动后不能让孩子爬出汽车安全座椅。

3. 不要把孩子单独留在车内。

（五）家庭安全

1. 遮挡住任何可以打开的窗户，让孩子无法推开或是打开。

2. 家中所有的插座都配安全盖，可安装漏电保护开关，防止触电。

3. 确保装有清洁剂、药品以及其他危险品的橱子加罩或是上锁。

（六）户外安全防护

1. 靠近繁忙的交通路段时，家长应拉紧孩子手腕，避免孩子突然冲出汽车道或是街道。

2. 带孩子行走到僻静无人的地方时，要时刻提高警惕。

五、预防接种

18 个月的宝宝可以接种以下疫苗

1. 第二剂麻腮风疫苗（麻疹、腮腺炎、风疹）。

2. 第四剂百白破疫苗。

3. 第四剂四联疫苗（百白破 + B 型流感嗜血杆菌疫苗）。

4. 第一剂甲肝疫苗（甲型肝炎减毒活疫苗或甲肝灭活疫苗）。

5. 第四剂五联疫苗（脊灰灭活 + 百白破 + B 型流感嗜血杆菌疫苗）。
6. 第四剂 B 型流感嗜血杆菌疫苗。

六、亲子游戏

（一）玩球

目的	学习如何遵从简单指令，体验轮流的行为规则
工具	球
玩法	养育者与宝宝面对面坐，先让宝宝拿着球，对宝宝说“宝宝推球”，当宝宝将球推给养育者时，要立刻表示赞赏。养育者再将球推给宝宝，对宝宝说“宝宝要接球了”，当他看向成人或伸出双手准备接球时，要立刻把球推给宝宝。如果养育者发现宝宝接球有困难，可以适当地调整与宝宝之间的距离，或先由另外的养育者帮助宝宝接球

（二）找找拿拿

目的	在执行简单指令的活动中，发展宝宝的听觉注意力
工具	球、勺子、挖掘机等玩具或物品
玩法	养育者将 3 ~ 6 样玩具或物品放到一个大盒子里，和宝宝一起玩“听指令拿物品”的游戏。确保盒子里的玩具或物品都是宝宝在生活中经常接触的，比如，盒子里有挖掘机、球、勺子和画笔。当对宝宝说“找找挖掘机”，如果宝宝很快就找到了，养育者要及时表示赞赏：“宝宝找到挖掘机了，好厉害！”如果宝宝没有找对相应的物品，养育者要观察他是没有记住指令还是不认识某个物品，并及时给予帮助

第十二章　19~24 个月

一、体格生长发育

到 2 岁时，男孩平均身高 87.8 cm，平均体重 12.2 kg，头围约 48 cm；女孩平均身高 86.4 cm，平均体重 11.5 kg，头围约 48 cm，约达到成人头围的 90%。婴儿期后胸围生长速度开始超过头围，至青春期前胸围应大于头围。

二、神经心理发育

（一）运动发育

1. 大运动发育

（1）可以自己扶着栏杆上下楼梯（两步一阶）。

（2）开始能较稳定、协调地跑，速度逐渐加快。

（3）可以不扶任何物体，摆动腿用脚踢球；可以举手过肩抛球。

（4）可双脚同时抬起跳，跳到双脚刚能离开地面。

2. 精细运动发育

（1）能够盖紧或拧紧瓶盖。

（2）会用拇指和其他手指拿笔涂画。

（3）能堆叠 7 ～ 8 块积木。

（4）可以用手捻开书页，每次翻 1 页，连续翻 3 页以上。

（二）认知发育

这个阶段的宝宝对事物的认识更加深入，能够找出和图画中一样的物品，能认出照片和镜子中的自己，知道更多常见物品的用途。在玩游戏时，他开始把玩偶或家人引入象征性游戏中，如假装给娃娃或妈妈喂饭。他能够在玩耍时将物品按“外表”分类，如把积木和球分开放到不同的盒子里。

他解决问题的能力增强，如一个孩子想要拿到高处的饼干，他一会儿踮起脚尖，一会儿伸长手臂，一会儿拿小棍去够，当发现小棍与饼干的距离关系后，会使劲伸长小棍够到饼干。

他的想象力也在飞速发展，如他也许会将盒子戴到头上当帽子，而不仅限于用盒子装东西。“客体永存”的概念在这个阶段已经得到充分的发展，他会到处寻找一件眼前看不到的东西。

（三）语言发育

这个阶段的孩子会迎来语言爆发期，词汇量显著增加。到 2 岁时，他已经可以表达 50 个以上的词汇（一般不低于 30 个）。他会说短语和简单句，比如说“妈妈抱”“我要苹果”等，喜欢边玩边说。除了表达他的需求，他还会用语言描述他所看到的东西，例如，当他听到飞机声时，他会指着天空说“大飞机”，并且会转头以确定你是否同样注意到了。

他能听懂两步相关的指令，比如“去房间把你的鞋子拿过来”。他能按用途指出相应的物品，能理解“大和小”。懂得说话有轮替的简单规则，需要等别人说完以后自己再说。

TIPS

儿童最初表达的 50 词[注]

人物：爸爸 妈妈 奶奶 爷爷 阿婆 姐姐 宝宝 阿公 弟弟 哥哥 妹妹 阿姨 叔叔

物品：蛋 球 脚 手 灯 糖 饭 鞋 眼睛 耳朵 月亮 肉 饼干 电视 菜 门 衣服 裤子 娃娃

动物：鸡 鱼 猫 鸭 狗 鸟

动词：吃 拿 谢谢 要

其他：不要 呜呜 汪汪 喵喵 嘎嘎 咦 大 我

注：金星明等，中国循证儿科杂志 2009，4（3）：301-305.

（四）情感发育

幼儿开始会说“不”或抗议，出现自我意识并不断增强。在与人（家庭外人员）不断地沟通互动中，分离焦虑和遇见陌生人焦虑的表现开始逐渐缓和。同时，他在日常的社交体验中开始出现不安、羞愧、内疚、妒忌、骄傲、愉悦等更加复杂的情绪。

（五）社交发育与行为管理

宝宝的自我意识迅速增强。第一反抗期到来，他会更有自己的意愿和主张，喜欢反抗成人的指示和决定。家长应通过正确的方式——运用转移注意力或延迟满足等策略来训练他们，引导他们表达自己的需求、情感，既不要采用强硬的措施惩罚宝宝，也不可以放任不管。这一阶段恰恰是建立良好亲子关系、帮助宝宝树立规则意识的好时机。随着社会交往经验的增加，宝宝逐渐学会与同伴进行交流、沟通，在此过程中逐渐学会分享与合作。注意培养宝宝的自理能力，例如自主进食、自己洗手、简单穿衣、控制大小便等。

三、营养与睡眠

（一）饮食与营养

本阶段幼儿在前期喂养的基础上，咀嚼能力明显提高，自主进食能力进一步加强。应尽量让宝宝与家人一起进食一日三餐，鼓励他尝试成人食物，鼓励自己进食。

1. 饮食

每日三餐加三点，每天保持约 500 mL 奶量（正常体重儿童），鸡蛋 1 个，肉、禽、鱼类 50 ~ 75 g，谷物类 50 ~ 100 g，如软饭、面条、馒头、婴儿米粉等，可以继续尝试不同种类的蔬菜和水果 50 ~ 150 g，尝试啃咬水果片或煮熟的大块蔬菜。

2. 倡导顺应喂养

顺应喂养“四步骤”：①父母建立合理喂养的框架，确保喂养环境愉快，父母与儿童之间的意愿表达明确、清晰，食物健康、美味，以适合相应年龄儿童的发育水平，按时在预计儿童饥饿时供给；②父母应鼓励并注意儿童发出的饥饿和饱足的信号；③对儿童的需求，父母回应应及时、有情感、与儿童保持一致性，并与其发育水平相适应；④家长应及时发现儿童得到满足后的反应并给予回应。

（二）睡眠

1. 睡眠时间

19 ~ 24 个月的宝宝平均睡眠时间为 11 ~ 14 个小时，一般夜间睡

9 ~ 10 个小时，白天睡 2 ~ 3 个小时，白天会小睡 1 次。此年龄段的宝宝睡眠时间存在个体差异。

2. 睡眠习惯

固定的“睡前仪式”仍然是保障孩子规律睡眠的前提。仪式可以是洗个澡、讲个故事、唱首歌等，在孩子安静地躺在床上后结束，然后让孩子自己入睡。“睡前仪式”的改变往往是孩子夜间醒来的一个常见原因。换床、换房间、离家旅行、生病等都可能扰乱孩子的睡眠。

四、安全

（一）防摔落

1. 居家环境中所有通往危险地方的门要上锁并藏起钥匙。
2. 在楼梯的顶部和底部安装儿童防护门。
3. 在窗户上安装护栏。

（二）防烧（烫）伤

1. 让孩子远离热源，比如火炉、电暖气等。
2. 将火柴、打火机及其他热的物品置于孩子够不到的地方。
3. 用插头盖覆盖所有的电源插孔。

（三）防中毒

1. 将所有药品放在孩子打不开的容器里，锁在高处或是孩子够不到的地方。

2. 家里只存放日常用品和药品，并将其放在锁着的柜子里，将中毒急救电话张贴在家里显眼的位置。

（四）汽车安全

1. 不允许孩子在车库旁或是车道旁玩耍。

2. 驾车出行时，要将孩子置于合适的、安装正确的汽车安全座椅中。

五、预防接种

（一）19 个月的宝宝可以接种以下疫苗

口服单价轮状减毒活疫苗。

（二）24 个月的宝宝可以接种以下疫苗

1. 第二剂乙脑减毒活疫苗。

2. 第二剂甲肝灭活疫苗。

六、亲子游戏

（一）爬大山

目的	促进宝宝大动作的灵活性与协调性
工具	被子、枕头、抱枕等软物
玩法	家长准备几条被子，和孩子一起把被子、枕头叠在一起变成一座柔软的“小山”。家长引导孩子向上爬，并翻过“小山”。当孩子完成得较好时，可以增加难度，比如，当爬过“小山”，家长再给孩子摆放几个抱枕当小河里的石头，让孩子踩着“石头”过河。孩子完成时，家长要在侧保护，可辅助其进行，及时为他加油助威

（二）袜子配对

目的	引导宝宝做力所能及的事，发展宝宝的视觉分辨能力
工具	洗干净的袜子
玩法	将家里洗干净的袜子交给孩子，让孩子按照颜色、样式等配出一对对的袜子。难度不要太大，家长先给两双袜子，当孩子配对成功后，可引导孩子将袜子穿到家长或自己的脚上，能套上即可

（三）舀豆子

目的	锻炼宝宝的手眼协调能力
工具	2 个小碗、汤匙、各种大小的豆子或溶豆
玩法	妈妈先把各种豆子分类放在碗里，再拿着汤匙示范做“舀”的动作，并鼓励宝宝尝试舀。为防止豆子乱跑，可以将豆子都放进一个大一点的浅盆子里。这个游戏可以锻炼宝宝的手眼协调能力。妈妈在做这个游戏的时候，请注意不要让宝宝误吞豆子

第十三章 25~36 个月

一、体格生长发育

2 ~ 3 岁孩子的发育速度放缓，一年体重大概增加 2 kg，身长增加 6 ~ 10 cm。到 3 岁时男孩平均身高 96.1 cm，平均体重 14.3 kg；女孩平均身高 95.1 cm，平均体重 13.9 kg。头围增长明显变慢，婴儿的头围仅在出生第 2 年就可增加 2 cm，但接下来的 10 年间总共只增加 2 ~ 3 cm。3 岁时头围 48 ~ 50 cm。

二、神经心理发育

（一）运动发育

1. 大运动发育

（1）可以不扶任何物体，双脚交替上下楼梯（即连续地一步一节台阶）。

（2）双脚同时离地向前跳，向上跳，能够跳出一定的高度。

（3）能自如地跑。

（4）会骑三轮脚踏车。

（5）在不扶任何物体的情况下，能够单脚站立；可以用脚尖行走数步（脚跟不着地）。

2. 精细运动发育

（1）会穿珠子或是鞋带。

（2）能快速熟练地捏取很小的物体，例如将小丸放入小瓶。

（3）能用积木搭简单的物体，例如搭小桥；能堆叠 9 块以上的积木。

（4）尝试用剪子剪纸，但不会剪开。

（二）认知发育

宝宝表现出更强的探索精神，他一旦对某样东西产生兴趣，便会付诸实际行动，甚至会拆卸、破坏一些物品。实际上这是因为孩子对该事物充满好奇，想探索其中的奥秘。他能正确地使用大部分的物品或玩具；开始理解物品之间的关系，能够按大小、颜色或形状给物品分类；能够完成 3 ~ 4 块的拼图；认识 2 种或 2 种以上的颜色；懂得数字 2 的含义；开始发展相对的概念，如高和矮、里和外、多和少等。

宝宝的想象力更加丰富，象征性游戏的内容也会变得更加复杂，他开始将不同的活动串联在一起。例如，他也许会把一个盒子当成小动物的家或超市；他可能先将娃娃放到宝宝椅上，然后拿勺子给娃娃“喂饭”，也可能会一个接一个地轮流给娃娃“喝水”。

（三）语言发育

刚满 2 岁的孩子会说 6 ~ 8 个字的完整句子或 4 ~ 6 句的儿歌；他开始理解“你”“我”的相对概念，并开始在对话中使用，可能有时还会混淆；认识的颜色越来越多，数数的能力也在不断增强；开始喜欢问问题，如“为什么”“这是什么”等；会用否定词，如“不要”“不行”；能认识大多数的日常用品和图片，会说出一些熟悉物品的用途，比如你问孩子“杯子是用来干什么的”，他会告诉你“是用来喝水的”。

快 3 岁时，孩子平均能理解 1000 个词汇；能理解位置关系（上面、下面、里面等）；逐渐理解过去、现在和将来的概念；能按照故事内容回答大人提出的问题，如“这是谁”“在干什么”；会叙述过去发生的事；能说出包含动词和形容词的 5 ~ 10 个字的长句子；说话也越来越清楚，陌生人能听懂其大部分的讲话。

（四）情感发育

幼儿能开始敏感感知并用语言来表达自己或他人的情感体验，这标志着移情和同情的产生。随着幼儿自我意识的建立和发展，他开始能够“换位思考”，表达出对他人感受的理解和猜测。

幼儿能开始忍受与母亲或主要照顾人的短暂分离。随着同伴关系的建立和入托后师生关系的出现，他能够克服更长时间的分离焦虑并开始体验和发展出更多的情绪如内疚、尴尬、沮丧、同情、失望、信任、容忍等。这些情绪的出现标志着幼儿已经具有了成人的基本情绪和情感。

（五）社交发育与行为管理（入托的准备）

2 ~ 3 岁宝宝自尊心开始发展，他会通过各种方式来展示自己，希望得到成人的肯定。家长应该用欣赏的眼光看待孩子，用科学的方法对待孩子，既不能一味表扬，也不能凡事批评，应具体指出孩子哪里做得好或不好、为什么，不要用“你真笨”“不听话”等词语一概而论，善于运用肯定、尊重的语气与孩子沟通。

入园准备：给孩子独自玩耍的机会，以防老缠着妈妈；教他一些简单的游戏规则，让其学习按照规则进行游戏；协助他自己穿衣服、系扣子等；训练他大小便时能自控，会表达，接近 3 岁时基本可独立解决大小便；锻炼他自主吃饭，尽量少洒落；培养他独立洗手、刷牙、洗脸。

三、营养与睡眠

（一）饮食与营养

1. 饮食

此阶段儿童生长发育速度与婴幼儿期相比略有下降，但仍处于较高水平。这个阶段的生长发育状况也直接影响着青少年和成人期肥胖的发生。经过之前膳食模式的过渡和转变，幼儿摄入的食物种类和膳食结构已接近成人，但因其对各种营养素需要量较高，消化系统尚未完全成熟，咀嚼能力仍稍差，所以食物的加工烹调应与成人有一定的差异。幼儿应尽量吃新鲜食物，少食半成品或熟食；不宜太咸、太甜、太油腻；少喝或不喝含糖或碳酸饮料；注意食物多样化和膳食平衡，每日三餐两点，定时、定点进餐，避免挑食。《中国居民膳食指南》（2016）指出 2 ~ 3 岁儿童各类食物的每天建议摄入量：谷类 85 ~ 100 g，薯类适量，蔬菜 200 ~ 250 g，水果 100 ~ 150 g，肉禽类 50 ~ 70 g，大豆 5 ~ 15 g，乳制品 500 mL，食用油 15 ~ 20 g，食盐 < 2 g。

2. 建立良好饮食习惯的关键期

2 ~ 3 岁是儿童生长发育的关键时期，也是培养良好饮食习惯的关键时期。此阶段幼儿注意力不易集中，易受环境影响，如进食时玩玩具、看电视、做游戏等都会降低其对食物的关注度，影响进食和营养摄入。所以尽可能给孩子提供固定的就餐座位，定时定量进餐；避免追着喂、边吃边玩、边吃边看电视（手机）等行为；吃饭细嚼慢咽但不拖延，最好在 30 分钟内吃完；鼓励孩子使用筷子、勺子等食具。

（二）睡眠

1. 睡眠时间

25 ~ 36 个月的宝宝平均睡眠时间为 10 ~ 13 个小时，个体差异较大，部分宝宝白天不小睡。

2. 睡眠习惯

宝宝在晚上入睡前，对他的“睡前仪式”非常熟悉。他对每天特定的时间很了解，如果家长不按照这个模式来做，宝宝会抱怨，甚至难以入睡。在此年龄段，还要调整宝宝的睡眠时间，尽量与幼儿园的作息时间相近，相差不宜过多（ < 1 小时），并且要巩固已经形成的良好作息习惯，为上幼儿园做好准备。

四、安全

（一）防跌倒及坠落

1. 在滑梯或是攀登架玩耍时，要时刻留意孩子的安全。

2. 居家环境中任何危险的地方都要上锁并藏起钥匙。

3. 安装窗户防护设施。

（二）防烫伤及触电

1. 让孩子远离厨房玩耍，将火柴、打火机及其他危险物品置于孩子够不到的地方。

2. 用插头盖覆盖所有的电源插孔。

（三）防中毒

将所有药物放在孩子不能打开的容器中，并放在他够不到的地方。

（四）汽车安全

1. 开车带孩子出门，要选择适合孩子体重和身高的安全座椅。

2. 不要让孩子靠近车道玩耍，避免车辆盲区所致的车祸。

3. 不允许孩子在马路上或有车辆的地方骑童车，也不允许孩子骑车穿越车道。

五、预防接种

36 月龄宝宝可以接种以下疫苗

1. 流脑 A+C 多糖疫苗。

2. 如果是在流感爆发季节，3 岁以上的人群可以接种一剂流感疫苗。

六、亲子游戏

（一）找朋友

目的	理解“一样”的概念，发展视觉分辨能力
工具	字母卡、蔬菜卡、水果卡等
玩法	将一些水果卡片摊开，让孩子找出卡片上水果相同的图片，再将水果卡片换成字母卡片或花草卡片等。随着孩子玩得多了，可以增加卡片的差异性，如将字母和花草混在一起，增加难度，锻炼孩子的视觉分辨能力

（二）我喜欢

目的	发展宝宝的自我意识及语言表达能力
工具	不同的玩具（平时常玩的玩具即可）
玩法	家长选择自己喜欢的玩具，并摆弄玩具，说出“我喜欢……(玩具名称)”，然后引导宝宝试着玩不同的玩具，并询问宝宝“想玩哪一个”，鼓励幼儿用语言或非语言的方式表达自己的想法，再把玩具交给宝宝。也可利用日常生活的机会示范说出自己的想法，引导宝宝模仿并学习说出自己的想法，例如，在吃饭的时候说出自己想要吃的食物等

PART 3
常见情况及处理

第十四章 常见育儿问题

1. 新生儿生理性黄疸是怎么回事？

由于新生儿出生时胆红素生成量大于胆红素排泄量，大多数足月新生儿会出现暂时性胆红素增高。生理性黄疸就是大部分新生儿在出生后第 2 ~ 3 天出现的皮肤和巩膜黄染，第 4 ~ 6 天最明显，足月儿在生后 10 ~ 14 天消退，早产儿可持续到第 3 周。在此期间，新生儿一般情况良好，无其他不适表现。查血时，足月儿的血清总胆红素水平不超过 205 μmol/L(12 mg/dl)，早产儿不超过 255 μmol/L(15 mg/dl)，均无须特殊处理。

2. 什么是新生儿病理性黄疸？

具备以下任何一项即可诊断病理性黄疸：①生后 24 小时内就出现黄疸；②血清总胆红素 > 205 ~ 257 μmol/L(12 ~ 15 mg/dl) 或黄疸进展过快，血清胆红素每日上升 > 85 μmol/L(5 mg/dl)；③黄疸持续时间长，足月儿 > 2 周，早产儿 > 4 周；④黄疸退而复现；⑤血清结合胆红素 > 34 μmol/L(2 mg/dl)。如出现以上情况，需要到医院就诊治疗。

3. 母乳相关性黄疸是怎么回事？如何处理？

母乳相关性黄疸分为母乳喂养性黄疸和母乳性黄疸两种。

（1）母乳喂养性黄疸 纯母乳喂养的新生儿最初 3 ~ 5 天由于摄入母乳量不足，胎粪排出延迟，使得肠肝循环增加，导致其胆红素水平高于人工喂养的新生儿，甚至达到需要干预的标准（病理性黄疸），且宝宝常有生理性体重下降，体重下降 >12%。母乳喂养性黄疸的处理方法：帮助母亲成功建立母乳喂养，确保新生儿摄入足量母乳，必要时补充配方乳。对已经达到干预标准的新生儿必须按照病理性黄疸给予及时的干预。

（2）母乳性黄疸 通常发生在纯母乳喂养或以母乳喂养为主的新生儿身上。黄疸出现于出生 1 周后，2 周左右达高峰，然后逐渐下降。若继续母乳喂养，黄疸可延续 4 ~ 12 周方可消退；若停止母乳喂养 48 ~ 72 小时后，黄疸明显消退。新生儿生长发育良好，并排除其他非生理性高胆红素血症的原因，若血清总胆红素 <257 μmol/L(15 mg/dl) 时不需要停母乳；若 >257 μmol/L(15 mg/dl) 时可暂停母乳 3 天，改人工喂养；若 >342 μ mol/L(20 mg/dl) 时则加用光疗。母乳性黄疸的婴儿，若一般情况良好，也没有其他并发症，则不影响常规预防接种。

4. 新生儿生理性体重下降是怎么回事？

新生儿出生后最初一周由于水分的丢失、胎便的排出、奶量摄入的不足导致暂时性体重下降，多在生后 3 ~ 4 天达最低点，下降范围为 3% ~ 9%，生后 7 ~ 10 天恢复到出生时体重。家长不必过于担心，这是正常生理现象。如果下降的体重超过出生时体重的 10%，或生后 10 天还没有恢复到出生体重，这就是一个病理状态，家长应重视并及时寻找原因。

5. 新生儿为什么易呕吐、溢奶？如何处理？

足月儿出生时，由于食管下部括约肌松弛，胃呈水平位，幽门括约肌较发达，在吃奶时容易吸进空气，在吃奶后立即平卧就容易出现呕吐或溢奶，甚至出现胃食管反流，这是宝宝胃肠发育还不完善导致的。所以在喂奶时，要让宝宝的嘴裹住整个奶头和大部分乳晕，不要留有空隙，以防吸入过多空气。用奶瓶喂时，要让奶汁完全充满奶嘴。喂完奶后，让孩子趴在大人肩上，用手轻拍孩子背部，可将吸进去的空气拍出来；

即使拍不出气体（不打嗝），也不用担心。

6. 新生儿为什么易打嗝？如何处理？

打嗝是宝宝常见的症状，是膈肌痉挛、横膈膜连续收缩所致。膈肌运动是受交感神经控制的，宝宝出生 1 ~ 2 个月后，由于调节横膈膜的交感神经发育尚未完善，当孩子受到轻微刺激时，如吸入冷空气、吸奶太快，膈肌会突然收缩，引起快速吸气，导致打嗝。打嗝对孩子的健康并无任何不良影响，家长不必担心。

预防打嗝的方法：①避免在宝宝哭闹时喂奶，防止宝宝吃进较多空气。②避免宝宝进食过快，如果母乳太多，流速过快，可以先挤出一部分乳汁再喂；如为人工喂养，奶嘴孔不要过大，奶液要先充满奶嘴，再让宝宝吸吮。③宝宝吃的食物不宜过凉。

宝宝打嗝时可以喂点温水，或用玩具逗引宝宝转移其注意力；也可以刺激宝宝的足底，使其啼哭可终止膈肌的收缩。随着交感神经逐渐成熟，打嗝的现象会自然好转。

7. 新生儿红斑、粟粒疹是怎么回事？

宝宝出生后 1 ~ 2 天，头部、躯干及四肢的皮肤可见大小不等的多型红斑，俗称“新生儿红斑”。这是因为新生儿皮肤娇嫩，皮下血管丰富，以及角质层发育不完善，当胎儿从母体娩出，从羊水浸泡中来到干燥的环境中受到刺激引起的。也可因皮脂腺堆积，在鼻尖、鼻翼、颜面部形成小米粒大小、黄白色皮疹，称为“新生儿粟粒疹”。以上情况一般无须特殊处理，几天后脱皮，自然消失。

8. 宝宝的皮肤长湿疹是怎么回事？如何护理？

湿疹也称为“奶癣”。导致湿疹的原因大多非单一因素，可能有食物过敏、机械摩擦、阳光照射、寒冷、湿热、干燥、药物或化学刺激、遗传因素等。

婴儿湿疹是多种内外因素引起的过敏性皮肤炎症，为婴儿时期最常见的皮肤问题之一。一般分为三种类型：①脂溢型，多见于 1 ~ 3 个月婴儿，患儿前额、颊部和眉间皮肤潮红，被覆黄色油腻性鳞屑，头顶可有较厚的黄色液痂，严重时后颈、腋下及腹股沟可有擦烂、潮红及渗出；②渗出型，多见于 3 ~ 6 个月婴儿，尤其是肥胖婴儿，患儿双侧面颊可见对称性小米粒大小、红色丘疹，中间有小水疱和红斑，底部水肿，片状糜烂，有黄色浆液渗出；③干燥型，多见于 6 个月到 1 岁婴儿，皮损表现为丘疹、红肿、硬性糠皮样鳞屑及结痂，常见于面部、躯干和四肢侧面。

为避免宝宝湿疹的发生或减轻湿疹，家长要从以下几方面做好湿疹的预防或护理：①每天洗澡保持皮肤清洁和湿润，水温不宜过高，以略高于体温为宜，即 37 ~ 40℃，由于人体对温度的感觉存在个体差异，所以宝宝洗澡水的温度是可以变化的，家长可以用手肘来试温。宝宝皮肤娇嫩，水温过高易引起皮肤损伤。洗澡时尽量少用或不用化学洗浴用品，洗后适量地涂抹润肤液。②衣着宜宽松，不宜太厚，穿棉质衣物，避免接触毛织、化纤衣物。③保持适宜的室温，外出时避免太阳直射。④母乳喂养的宝妈不宜食辛辣、燥热或易过敏的食物，如牛羊肉、牛奶、鸡蛋、海产品、花生、核桃等。⑤如果宝宝湿疹较轻，只有轻微的皮肤脱屑，可以涂抹保湿的婴儿面霜来缓解；如果湿疹严重，出现皮肤裂口、渗出，要在医生的指导下使用含有激素和抗生素的药膏涂抹。不要惧怕使用抗生素和激素药膏，以免宝宝湿疹加重经久不愈。⑥尽量避免接触过敏原或进食易过敏的食物，最常见的是牛奶、鸡蛋、海鲜等。湿疹与过敏有很大的关系，应先排查可能引起宝宝过敏的食物，乳母要回忆在宝宝得湿疹前是否吃了新的食物，如果是吃后湿疹加重，说明宝宝对这种食物是过敏的，妈妈要尽量避免食用；吃配方奶的宝宝如果长湿疹，应该换成氨基酸或深度水解的配方奶，改用 2 周左右，若湿疹减轻，即可确诊为牛奶蛋白过敏；添加辅食的宝宝每添加一种食物，比如蛋黄、牛肉泥等，要注意观察3天，看宝宝有没有发生过敏引起湿疹，如果有则要及时暂停，

3 个月后再尝试添加。

9. 新生儿头颅为什么有血肿?

宝宝在产道受压、受牵拉、经历器械助产可能导致头颅血肿。有的头颅血肿在宝宝出生后就被发现，有的可能生后数天才明显。大多数血肿边缘清楚，多见于头颅顶部，有波动感。轻者数天可以自行吸收，重者 2 ~ 3 个月才可以消退，无须特殊治疗。

10. 宝宝经常摇头抓耳，是不是有问题?

部分宝宝经常摇头、抓耳，甚至拍头、撞头，家长会担心宝宝是不是耳朵不舒服、缺钙或生病了，其实这是宝宝前庭系统发育所致。6 ~ 8 个月宝宝会出现摇头晃脑、拍头、抓耳等行为，大多数日或数月内消失，家长不必过分担心。如果宝宝抓耳或抠耳比较严重，需要到耳鼻喉科就诊，检查耳道是否有湿疹、异物或炎症。

11. 新生儿“马牙”“螳螂嘴”是怎么回事?

大多数婴儿在出生后 4 ~ 6 周时，在上腭中线和齿龈部位，出现由上皮细胞堆积或黏液腺分泌物积留所形成的黄白色小颗粒，很像长出来的牙齿，俗称“马牙”或“板牙”，医学上称为上皮珠。上皮珠是由上皮细胞堆积而成的，是正常的生理现象，不是病，不影响婴儿吃奶和乳牙的发育，在宝宝出生后的数月内会逐渐脱落，无须处理。新生儿两侧颊部各有一处隆起的脂肪垫，俗称“螳螂嘴”，有利于吸吮乳汁。这两种情况都是宝宝正常的生理表现，家长不必惊慌，切不可擦拭或挑破，引起不必要的感染。

12. 新生儿长了鹅口疮怎么办?

鹅口疮，又名雪口病，是宝宝比较常见的一个疾病，它由白色念珠菌感染引起，主要表现在宝宝舌面、口唇内侧、两侧颊黏膜或上颚出现豆腐渣样的白色斑块，用棉棒或湿纱布不易擦掉。轻者只是散在的白点，重者会融合成片，很像奶瓣。鹅口疮在宝宝抵抗力弱时容易发生，特别是在使用抗生素后。如果家长发现这种现象，一定要及时到医院就诊。可以给宝宝口腔内涂抹制霉菌素混悬剂，待口腔没有白点后再治疗3～5天。另外，治疗的同时要注意奶具的消毒，母亲喂奶前洗手，母乳喂养的妈妈要每天更换内衣并煮沸消毒，以免再次感染。

13. 为什么婴儿常流口水？

3个月以上的婴儿随着唾液腺的发育和功能逐步完善，口水的分泌量逐渐增多，婴儿的口腔较浅，吞咽功能较差，不能将分泌的口水吞咽下去或储存在口腔中，口水就不断地顺着嘴流出来，加之婴儿4个月开始逐渐长牙，对口腔神经产生刺激，使得唾液分泌更多。随着年龄的增长，婴儿逐步学会主动吞咽口水后，这种现象就会慢慢好转或消失。但好转和消失的时间个体差异较大，较早者在8～9个月可消失，迟者到2岁左右可能还流口水。如果宝宝2～3岁时仍然流口水，应加强口腔功能锻炼。

14. 先天性喉喘鸣是怎么回事？

先天性喉喘鸣是由婴幼儿咽喉部组织软弱松弛，吸气时组织塌陷、喉腔变小引起的，亦称喉软骨发育不全。常发生于出生后不久或出生几个月后。若发生先天性喉喘鸣时家长不必惊慌，随着宝宝年龄的增长，大多可自愈。应及时给宝宝补充维生素D和钙剂，多晒太阳。睡眠时采取侧卧位，预防呛奶、窒息。如果宝宝喘息较重，伴有呼吸困难，要及时到医院诊治。

15. 为什么宝宝的肚脐凸起一个球形的软物呢？

宝宝肚脐凸起的球形软物一般是脐疝。脐疝是小儿肠管自脐部凸起到皮下形成的球形软囊，用手按压可恢复。引起宝宝脐疝的原因很多，多是由于宝宝脐带脱落后，脐部两侧的腹直肌在脐部未合拢而留有缺损，在腹腔内压力增高，如咳嗽、腹泻、过度哭闹时较明显，用手轻压可使疝囊内的内容物还纳到腹腔，并可以听到气过水声；宝宝安静地处于卧位时，肿块可消失。患有脐疝的宝宝一般没有不适的表现，大部分宝宝的脐疝在 1 周岁内会自愈。若 2 岁以上仍有脐疝，应及时就医，脐疝可手术治疗。

16. 新生儿乳房肿大是怎么回事？

男、女宝宝出生 3 ~ 7 天均可发生乳腺增大，增大如蚕豆或核桃大小。这是来自母体的雌激素中断，负反馈作用减弱，使婴儿在促性腺激素的作用下，性激素分泌一过性增加引起的。部分婴儿乳房甚至可分泌出一些乳汁。家长不必惊慌，这种现象在生后 2 ~ 3 周消退，切勿挤压，以免发生感染。

17. 女婴阴道流血是怎么回事？

有的女宝宝在生后 5 ~ 7 天阴道会流出少许的血性分泌物，或大量非脓性分泌物，俗称“假月经”。这是来自母体的雌激素突然中断所致。家长也不必惊慌，一般 1 周左右就自行消失。

18. 男宝宝的阴囊为什么会肿大？

男宝宝两侧阴囊肿大，可能是鞘膜积液或腹股沟疝。新生儿的鞘膜积液多是先天的鞘状突没有完全闭合，腹腔积液通过鞘状突进入阴囊引起的，用手电筒照射阴囊时透光好。鞘膜积液张力不高时，一般对宝宝没有危害，多数在宝宝 9 ~ 12 个月后自行消退。但有的鞘膜积液是交通性的，在宝宝躺下或休息时减轻，活动增多或哭闹时肿胀会变得明显。到宝宝 1 岁时交通性鞘膜积液仍然不消退，应该找外科医生治疗。如果阴囊肿大，透光性不好，可能是腹股沟疝，需要通过外科手术修复。

19. 新生儿红臀怎么办？

红臀又称“尿布皮疹”，多因湿的尿布刺激而引起，是 1 岁前宝宝的常见问题。红臀多发生在兜尿布的部位，局部皮肤起小红丘疹或发红、肿胀，甚至破溃，给宝宝带来痛苦。因此，做好预防非常重要。首先，要注意选用细软、吸水性强的纯棉布制作尿布或选用质量好、吸水性强的纸尿裤。其次，尿布要勤换洗。宝宝尿湿后要尽快更换干净的尿布或纸尿裤。宝宝大便后，最好用温水给宝宝洗净屁股，尤其是对腹泻的宝宝就更应注意。洗净后用吸水性好的纸巾轻轻吸去水分。为防止机械刺激引起红臀，切记动作要轻柔，不可用力擦拭。然后用护臀膏在宝宝的会阴区、腹股沟区、后臀区、阴茎及阴囊下部轻轻涂抹均匀。最后穿纸尿裤，纸尿裤边缘整理平展，松紧适宜。更换尿布时，给宝宝翻身 1 次，侧卧或俯卧，使患儿臀部不持续受压。

20. 宝宝尿布上有粉色痕迹有问题吗？

缺水会导致尿酸盐结晶析出，其特点是呈橙红色粉末状，所以有的妈妈会发现尿布上有粉色痕迹，怀疑是出血。如果给宝宝多喝奶或适当喂水便可消失，家长就不必担心；如果补足水分后仍经常在尿布上发现粉色痕迹，建议及时就医。

21. 宝宝臀纹不对称是怎么回事？

如果宝宝存在臀纹不对称、双下肢长度不等、髋关节外展活动受限或双侧不对称等情况，往往提示宝宝可能存在早期的髋关节发育异常，需要专科医生进一步检查，以明确有无这一疾病的存在。这一疾病在医学上被称为发育性髋关节发育不良，是儿童期先天性或发育性髋关节结构异常的统称，包含髋关节发育不良以及髋关节半脱位，甚至髋关节全脱位。患儿 1 岁后开始负重行走，可以出现典型的短肢跛行步态，单侧髋关节发育不良还可能导致宝宝的脊柱向患侧偏斜，双侧髋关节发育不良的宝宝可能出现摇摆步态，类似“鸭步”行走。随着年龄增长，大儿童及青少年还可能出现痛性跛行及关节活动受限。对于臀纹不对称的宝宝，目前可以通过以下两种方法协助诊断：对 6 个月以下（4 个月内为佳）的宝宝做髋关节 B 超检查，对大于 6 个月的宝宝则建议做骨盆 X 线拍片。

22. 宝宝 3 ~ 5 天排一次大便正常吗?

有些母乳喂养的宝宝会在 2 ~ 3 个月时出现 3 ~ 5 天甚至 5 ~ 8 天才排 1 次黄色软便，但没有排便困难的现象，也不影响生长发育，家长不用担心。这是由小婴儿肛门括约肌和胃肠道生长发育未成熟引起的，也可能是因为对母乳的消化、吸收能力逐渐提高，母乳被充分地吸收利用，故每天产生的食物残渣量很少，不足以刺激直肠形成排便反射，这一现象俗称“攒肚”，一般无须特殊处理。如果影响宝宝吃奶，导致宝宝睡眠不安，可以用棉棒蘸植物油涂抹在宝宝的肛门周围刺激排便。

23. 宝宝每天傍晚哭闹得厉害，怎么办?

一些宝宝经常在下午 6 点到午夜间出现不明原因的哭闹，表现为难以安慰的哭闹（有时称为“黄昏闹”）、伸腿或蹬腿、腹部鼓胀、排气，宝宝在不哭闹的时候吃奶和精神都很好，这一般是肠绞痛。宝宝初次发作时，需要医生排除肠套叠、疝气等疾病的可能。

如果宝宝每天哭闹的时间 >3 个小时，每周发生至少 3 天，至少持续 3 周，就可以诊断为婴儿肠绞痛。此病症大多是由于宝宝消化系统不完善，消化不良或哭闹时吞下过多空气导致肠胀气。婴儿肠绞痛具有自限性，随着年龄增长症状会减轻。

肠绞痛的原因至今不明，下面这些方法可能会有效。

（1）顺时针按摩宝宝的腹部，促进恢复；可以在宝宝腹部贴上肚脐贴以缓解肠绞痛；也可以给宝宝适当地服用一些益生菌进行治疗。

（2）要改进不当的喂养方法，包括喂养不足以及喂养过量。喂奶之后，要充分地帮宝宝排气打嗝，通过安抚减轻孩子哭闹。孩子哭闹得越严重，腹胀就越严重，进而加重肠绞痛。

（3）乳母尽量不吃奶制品以及辣椒、咖啡、洋葱等刺激性的食物。对食物过敏引起的哭闹，乳母不吃海鲜、牛羊肉等易过敏食物。

（4）抱宝宝走动和轻轻摇动。通过节律性的运动和身体接触帮助他入睡，但避免剧烈地抖动，以免引起宝宝脑损伤。

（5）将宝宝的腹部放在妈妈的膝关节上，然后轻轻地揉他的后背，对腹部施压有助于缓解疼痛。

24. 为了防止宝宝小手指抓破脸，可以给新生宝宝戴手套吗？

有的妈妈怕宝宝乱抓而把细嫩的皮肤抓伤，给新生宝宝戴上手套，这样做是弊多利少。首先，戴手套会妨碍触觉的发育，手乱抓是一种探索行为，是心理、行为能力发展的初级阶段，也是一种自我满足行为。其次，戴手套也是很多意外发生的诱因，手套质量不好或勒太紧造成不良后果的案例十分常见。妈妈应该每天清洗宝宝的小手，给宝宝勤剪指甲可以防止宝宝抓破脸，应鼓励宝宝尽情把玩双手。

25. 宝宝鼻出血应该怎么办？

宝宝发生鼻出血后，应保持身体前倾，以防吞咽血液至胃里引起呕吐。家长用拇指、食指捏住宝宝鼻翼上端，可用冷湿毛巾敷前额和鼻骨处，促使血管收缩，一般在 10 分钟内可以止血。如采用上述方法仍不能止血，应及时就医。容易发生鼻出血的宝宝，平时应清淡饮食、多喝水，家长可以使用加湿器湿化空气，用海盐水湿润其鼻腔，避免鼻腔黏膜干燥而出血。

26. 宝宝用学步车好不好？

不建议给孩子使用学步车，弊端主要有以下几方面：①影响宝宝的动作技能发展。宝宝开始扶着家具学习走路时，每当要摔倒的时候，他就会抓紧脚趾，弯下腰，撅起屁股以保持平衡，这些都是运动技能与平衡能力的练习，而学步车不能给宝宝这样的锻炼机会。②减少学习机会。在宝宝正常练习走路的过程中，总是避免不了磕磕碰碰。正是一次又一次的摔倒和爬起让宝宝学会了走路，同时能增强宝宝动作的协调性，增加宝宝的自豪感和自信心，而使用学步车剥夺了宝宝通过摔跤进行学习的机会。③不利于宝宝体格发育。宝宝在学步车里走步时，经常踮着脚尖走，尤其是在用力向前滑行的时候，脚掌肌肉使用不平均，就容易使得脚趾间的肌肉使用过度，从而出现 O 形腿或是八字脚。④增加危险。如果将宝宝放在学步车里很长时间，看护不周时有可能发生宝宝跌出车外、撞到头部等情况，导致宝宝受伤。

27. 宝宝可否看电视、手机？

电视或其他电子产品是一种被动的输入过程，不利于宝宝大脑主动参与，妨碍宝宝思维能力及想象能力的发展；长时间近距离看电视或其他电子产品可以导致视疲劳及视力异常的发生；另外，看电视时间过长，导致静坐时间延长，身体活动、外出运动时间以及亲子交流机会减少，不利于宝宝体格生长、社交能力的发展及亲子关系的建立，甚至会导致超重、肥胖及心理行为问题的发生。因此，一般不建议 2 岁以下的宝宝看电视及其他电子产品。

2 岁以上的宝宝可合理使用电视、手机等电子产品，但需要注意以下几方面：①给宝宝规定使用屏幕的时间，每天不超过 1 小时；②和宝宝一起选择那些优秀的节目，做出每周看电视的计划；③节目一结束就关掉电视；④不要让电视成为保姆；⑤不要把电视机、游戏机和电脑放在宝宝的卧室，应放在你能参与和监督的地方；⑥增加亲子游戏、户外活动的时间。

28. 宝宝吸入异物，怎么紧急处理？

宝宝被气道异物严重阻塞时，家长应该根据宝宝的年龄采用海姆立克急救法进行现场急救。①对 1 岁以下的宝宝，应立刻将其抱起，一只手捏住宝宝颧骨两侧，另一只手托住宝宝后颈部，让其脸朝下，趴在救护者膝盖上呈头低臀高位。救护者用手掌根部在宝宝肩胛之间用力拍背5次，用力越猛，排出异物的可能性越大。如未排出，用手掌托住宝宝后脑，翻转宝宝，使其脸朝上，头躺在救护者膝盖上，救护者用一手的食指、中指快速冲击宝宝的胸部下方、肚脐上方的上腹部5次，再次查看异物是否排出，如未排出，重复上述拍背压胸方法。②对于1岁以上的宝宝，让其站立，救护者将双手环绕在宝宝腰部，同时让宝宝弯腰，头部前倾。救护者一手握拳，使拇指掌关节突出处顶住宝宝腹部正中线肚脐上方2厘米，另一只手抓牢握拳的手，向上向内快速挤压冲击宝宝腹部，直到异物从气道内排出为止。

29. 宝宝烫伤后如何处理？

宝宝烫伤后，家长应立刻进行以下紧急处理。①立即脱离热源。迅速将受伤部位放到洁净的自来水中冲淋或浸泡一段时间，阻止热量向深层组织扩散，冲泡时间为10～30分钟。不能涂抹酱油、牙膏，不能用不洁净的冷水冲泡，以免感染。②如果衣服没有和皮肤粘连，应将衣物脱下；如果衣服和创面粘在一起，可以用剪刀剪开衣物仔细地分离衣服与创面，或等待医生处置。皮肤出现水泡，不要挑破，保持表皮完整可降低感染风险。③冲泡后局部疼痛厉害，可继续将伤处泡在自来水中缓解疼痛，但应注意保持体温。④疼痛减轻后，使用干净的纱布、毛巾或被单覆盖伤处，避免污染。经上述处理后，应及时将宝宝送往具备烧烫伤急救能力的医院。

30. 常见的预防接种的不良反应有哪些？

预防接种是通过接种疫苗使受种者获得抗感染的免疫力。但是，任何疫苗作为抗原，对人体来说，都是一种大分子异物，个别受种者接种疫苗后在发生正常免疫反应的同时，发生的与预防接种目的无关的有害反应，称为不良反应。按发生的严重程度、发生概率，将预防接种不良反应分为一般反应和全身异常反应。

一般反应：①部分受种者接种疫苗后 24 小时内，接种部位会出现红肿浸润，并伴有肿胀和疼痛。②少数受种者除了局部的红肿浸润外，还伴有不同程度的淋巴结肿大或淋巴管炎。③接种卡介苗 2 周后会出现局部红肿，进而形成浅表溃疡，然后结痂，最后形成卡瘢。部分受种者接种卡介苗后会出现不同程度的同侧腋下淋巴结肿大。④接种含麻疹类疫苗，少数受种者会出现散在皮疹，一过性麻疹样症状。⑤接种含有吸附剂的疫苗，由于吸附剂较难吸收，少数受种者会在接种部位出现局部硬结反应。

全身异常反应：①部分受种者在接种灭活疫苗后数小时或 24 小时左右体温升高，一般持续 1 ~ 2 天，很少有持续 3 天以上者。接种减毒活疫苗后，出现发热反应的时间稍晚。②部分受种者可能会伴有头痛、眩晕、恶寒、乏力等症状。儿童会有易激惹、哭闹、嗜睡等症状。③个别接种者，可能发生恶心、呕吐等胃肠道症状。④严重者可出现过敏性休克、过敏性皮疹、过敏性紫癜、血管性水肿等，此外也可出现无菌性脓肿、热性惊厥等，较少见的有臂丛神经炎、多发性神经炎等。

第十五章 常见营养问题

1. 纯母乳喂养的宝宝要不要喝水？

母乳中 88% 的成分是水，正确、充分地母乳喂养可以保证 6 个月内的宝宝对水的需求。即使在炎热的季节，只要母乳喂养充足，无须给宝宝额外补充水。但是，如果宝宝尿液明显发黄或有其他原因导致失水较多，可在两次喂奶中间少量喂水。

2. 如何判断母乳量是否充足？

妈妈在刚开始哺乳时，总担心自己母乳不足，宝宝吃不饱，影响宝宝的生长发育。如果妈妈喂奶前乳房有明显的胀满感，可以清晰看见乳房表面的静脉，喂奶时会有下奶的感觉，喂奶后乳房变软，则可以通过这一系列的变化判断妈妈的奶量充足。如果宝宝有以下表现，也说明妈妈的乳汁是充足的，宝宝可以吃饱：①每天吃奶 8 次以上，吃奶时有规律的吸吮和吞咽声，吸吮时奶水会从宝宝的口角溢出；②宝宝吃完奶后表现得安稳且有满足感，可安静睡 1 ~ 2 小时；③生后 3 天开始每天小便 6 次以上；④生后 3 天左右排空胎便，后期每日排便次数 3 次以上；⑤体重每日增加 20 ~ 30 g，满月时体重增加 600 g 以上。值得妈妈注意的是，啼哭是宝宝表达需求的信号，不一定是饿了，也可能是宝宝热了、冷了、不舒服、求抱抱、尿了、拉了等原因。不要看到宝宝一哭就喂，学会从哭声中判断宝宝的需求。

3. 宝宝为什么不爱吃奶了？

一小部分宝宝在 3 ~ 4 个月时可能出现“厌奶”现象。主要表现为拒奶、食欲下降、奶量减少，有的宝宝甚至可以 5 ~ 6 小时不吃奶。首先，要排除发热、腹泻、呕吐、精神不好等因素。如果宝宝不存在这些问题，可能是宝宝到了“厌奶期”了。厌奶期的宝宝往往身高、体重等正常增长，精神状态好且活力十足，除奶量下降外，不伴有贫血、感染、精神萎靡等其他症状。因此不需要特殊治疗，家长也不要过度焦虑。可以适当延长宝宝户外活动的时间，增加翻身、俯卧等大运动活动的强度，多数宝宝 1 个月左右就会自然恢复食欲。

4. 怎样断奶?

世界卫生组织建议母乳喂养至 2 岁或 2 岁以上。断奶是一个自然的过程，不仅是妈妈的事情，也需要家人的共同努力。①逐渐减少母乳喂养的次数和量，增加辅食的种类与量。②锻炼宝宝使用勺子、杯子等工具进食母乳以外的食物。③宝宝想吸吮妈妈乳头时，可以采用转移注意力的方法。④可以让其他家庭成员给宝宝喂辅食或配方奶。⑤不建议母婴分离或在妈妈乳头上涂抹苦味剂、染料等，以免宝宝产生焦虑情绪。

5. 能给宝宝吃盐、酱油、糖等调味品吗?

盐、酱油、糖等调味品一般是为了增加食物的色泽和口感，含盐及食品添加剂较多，营养价值也不高。如果摄入过多的盐和糖，会增加肾脏及消化系统的负担，使宝宝养成偏咸、偏甜的饮食习惯，增加心血管疾病、胰岛素抵抗、糖尿病、肥胖、龋齿等疾病发生的风险。因此，宝宝的饮食应保持原汁原味、清淡营养。宝宝 1 岁内尽量不添加盐、酱油、糖等调味品。即使 1 岁以上，也尽量少加盐，不要吃大人饭。

6. 宝宝不爱吃菜怎么办?

蔬菜和水果所含营养素各有不同，均对宝宝有益，二者不能相互替代。蔬菜口味比较清淡，某些蔬菜还带有特殊的味道，如在辅食添加过程中没有添加过，过了辅食期的宝宝就很难接受它们。最有效的方法是在辅食期就给宝宝尝试各种深绿色及橙黄色蔬菜，使他熟悉各种蔬菜的味道。在幼儿期如果宝宝不喜欢蔬菜，可以尝试以下几种方法：①将蔬菜放在宝宝喜欢的食物里一起吃；②将蔬菜放在宝宝喜欢的水果中做成蔬菜水果沙拉；③将蔬菜与肉调馅做成饺子、包子等面食。

7. 怎样纠正宝宝偏食？

家长对待偏食的宝宝要认真分析，有针对性地进行矫正。①家长应该以身作则，不在宝宝面前表现出不喜欢某种食物或负面评价某种食物，购买食材应多样化，避免家庭性偏食。②对于宝宝拒绝的食物，可以鼓励宝宝少量尝试或加到宝宝喜欢的食物中进食。③当宝宝长期进食一种食物出现抵触时，可以变化烹饪方式，通过色香味形的变化吸引宝宝。④宝宝仅仅拒绝少数几种食物时，家长可以选择营养成分相似的食物替代。⑤宝宝过分喜欢进食甜食时，应予以限制，不得不给时建议在餐前2小时，避免和正餐间隔时间太近。⑥在宝宝进食不喜欢的食物时，家长应耐心诱导，不强迫，如果宝宝有进步应予以表扬和鼓励。

8. 营养性缺铁性贫血有什么危害？

营养性缺铁性贫血是贫血中最常见的一种类型，任何年龄均可发病，以6个月至2岁最多见。缺铁除影响血红蛋白生成外，还影响肌红蛋白的合成，使体内多种含铁的酶活性降低，从而影响全身各个脏器的功能。缺铁性贫血表现为宝宝面色苍白（尤其嘴唇、指甲较明显）、乏力、不爱活动、食欲下降，常有呕吐、腹泻，可能出现口腔炎、舌炎、胃炎、消化不良等。中重度的缺铁性贫血，宝宝可能出现消化系统的紊乱、消化道黏膜变薄，引起恶心呕吐、腹痛腹泻、肝脾的增大；若影响神经系统则出现烦躁或萎靡，时间长了，可能会导致注意力不集中、学习成绩变差，还容易出现免疫力下降。

9. 营养性维生素 D 缺乏性佝偻病有什么表现?

营养性维生素 D 缺乏性佝偻病是婴幼儿期常见的营养缺乏症，是由于婴幼儿体内维生素 D 不足使钙、磷代谢紊乱，进而导致的一种以骨骼病变为特征的全身慢性营养性疾病。多发生于 6 个月至 2 岁的婴幼儿。婴幼儿体格生长发育快，若不能摄入足够的维生素 D，可能导致颅骨软化（压之有乒乓球感）、方颅、串珠肋、鸡胸、O 形腿、X 形腿等骨骼改变，以及夜间出汗多、枕秃、睡眠不安稳、易惊等非特异性改变。

10. 夜间出汗是否因为缺钙?

夜间出汗的原因可以分为环境因素、生理因素和病理因素三类，大部分是环境因素或生理因素。环境因素包括室内温度过高，未及时开窗通风，穿着衣服过多，睡觉时盖被较厚等。生理因素是因为婴幼儿新陈代谢旺盛，体内含水量多，汗腺和交感神经系统发育还不完全，皮肤薄、血管分布多，在活动或吃奶后、刚睡着、室温过高、穿戴过厚等情况下容易出汗。少部分出汗为病理因素，可见于维生素 D 缺乏性佝偻病、结核菌感染、甲亢等。多汗时需要结合宝宝出生后维生素 D 补充情况、喂养史、家族史、预防接种情况、体格生长发育情况以及相关辅助检查等做出诊断。

11. 宝宝枕秃是因为缺钙吗?

缺钙可以导致枕秃，但枕秃不一定是缺钙。小宝宝大部分时间是躺着的，有些宝宝枕头过硬，或出汗较多，喜欢通过左右摇晃头部缓解不适感；随着头眼协调能力的发展，宝宝能够来回转头追物或追声，这会增加枕部与枕头的摩擦，导致部分头发脱落，形成枕秃，所以大部分枕秃与缺钙无关。

第十六章 常见心理问题

1. 宝宝咬指甲是怎么回事?

宝宝咬指甲多发生在幼儿期及学龄前期，如环境适应不良、家庭关系不良、家长要求严苛超出宝宝能力范围等，宝宝以咬指甲缓解这些因素造成的紧张情绪，生病、不良的生活习惯等也可诱发此行为。长期咬指甲会增加有毒物质摄入，如铅中毒。因此，宝宝咬指甲时，家长应及时引导以减少不良行为的发生。家长需要做到以下几点：①保持家庭关系和睦，教育方式要以鼓励引导为主，不要体罚；②家长的期望要与宝宝的能力相吻合，不可拔苗助长；③高效互动，鼓励宝宝多交朋友，一起游戏玩耍; ④增加宝宝的户外活动时间，开发兴趣爱好，减少无聊时间; ⑤宝宝指甲长长后家长要及时修剪；⑥采取适当忽视、分散注意力等方式，诱导宝宝减少咬指甲行为。

2. 宝宝为什么咬人、打人?

宝宝咬人、打人往往与以下因素有关，如牙龈不适、想要引起成人关注、情绪不良等。如宝宝频繁咬人、打人，家长应予以正确引导，需要做到以下几点：①准备磨牙饼干、磨牙棒或富含膳食纤维的食物增加宝宝咀嚼的机会，缓解牙齿萌出的不适感；②关注宝宝交往、互动意愿，引导宝宝用拉手、微笑、拥抱等方式表达交往的意愿；③注意观察宝宝的需求、情绪的产生，帮助宝宝分析、理解、感受各种情绪，同时引导宝宝用语言或肢体动作表达自己的情绪；④家长制止宝宝咬人、打人时时要做到态度柔和，语言坚定，不要打骂宝宝；⑤家长被咬或被打时，不能笑脸相迎、表现痛苦状或恐吓等，以免让宝宝以为咬人可以引起家长的关注而强化咬人行为。

3. 宝宝爱扔东西需要制止吗？

宝宝 9 个月开始有扔东西的行为，这是身心发展的必经阶段。通过反复扔东西，可以促进宝宝感官发育，探索事物之间的联系。扔东西对宝宝的身心成长大有益处，家长要顺其自然并积极配合，不必强行制止，但需要注意以下几点：①为孩子准备些可以扔的玩具，如球类、沙包等，与宝宝一起玩耍；②要做好安全防护工作，将家中易碎、易导致宝宝受伤的物品收起来；③当宝宝因生气、紧张、焦虑等原因扔东西时，家长应分析原因，引导宝宝用语言或肢体动作表达自己的情绪；④家长要注意言传身教，避免宝宝模仿家长，出现扔东西、摔门等行为。

4. 宝宝任性怎么办？

宝宝任性通常与不恰当的家庭教育有关。家长对宝宝过于溺爱，处处以宝宝为中心，导致宝宝唯我独尊，不考虑别人的感受，不顾及后果，常常违抗或发脾气。宝宝任性的时候，家长需要做到以下几点：①遇事冷处理，坚定原则，不要让宝宝讨价还价；②不急着跟宝宝讲道理，事后和宝宝沟通，分析原因、发展及相应后果；③通过转移注意力，使宝宝从坚持的事情上转移到别的事情上，以此弱化任性行为；④家长对待宝宝的态度要保持一致，不能因自己情绪的变化，使宝宝无所适从；⑤认识到宝宝是一个独立的个体，对宝宝的教育应该注重引导而非主宰，在可接受的安全范围内，让宝宝自己选择，并体验选择的自然后果，这比家长苦口婆心地劝导效果更加立竿见影。

5. 宝宝爱哭怎么办？

哭是宝宝生理需求、心理需求的表达，家长应及时分析哭声背后的原因，合理适当地予以满足。遇到爱哭的宝宝，可以这样做：①家长要关注宝宝的生理、心理需求并适时满足；②培养宝宝独立、自信、坚强的性格；③宝宝以哭作为武器想要达到自己的目的时，家长应有原则，要坚定立场，和善而坚定地拒绝。

6. 宝宝发脾气怎么办？

宝宝对自己的情绪表达与控制都不成熟，因此，当感到挫折、愤怒、失落时，通常通过哭闹、发脾气甚至自伤来表达情绪。发脾气是宝宝正常发育过程中都会经历的过程，这个过程就是宝宝学会表达和控制情绪的过程，随着宝宝语言、沟通能力的发展，发脾气的次数会逐渐减少。处理宝宝发脾气可以尝试以下方法：①养育过程中多与宝宝互动，及时了解宝宝的需求；②家长对发脾气的宝宝要保持一致的态度，避免宝宝钻空子，认为发脾气是有用的；③与发脾气的宝宝交流时语言要简单明了，态度坚定；④可以通过转移注意力的方式让宝宝冷静；⑤对于哭闹的宝宝，家长可以冷处理——留宝宝单独在安全无玩具的房间数分钟（1岁1分钟以此类推）；⑥家长要以身作则，避免在处理家庭事务中发脾气、摔东西，以免成为宝宝模仿的对象；⑦注意鼓励宝宝用语言表达自己的感受和需求。

7. 宝宝不合群怎么办？

2岁左右的宝宝多关注自己的需要，表现为拒绝分享感兴趣的东西，与同伴多为平行游戏，很少合作。家长不要过于担忧，一般过了这个阶段宝宝逐渐能理解别人的感受，进行合作游戏。家长需要做到以下几点：①关注宝宝的需求，营造和谐、健康的家庭氛围；②不处处以宝宝为中心，使其凌驾于父母之上，要使其学会与他人平等相处，不卑不亢；③社交活动中家长应以身示范真诚、积极的社交行为，成为宝宝社交的第一参照；④培养宝宝的自信，宝宝是一个独立的个体，家长应给予充分的信任，让宝宝做些力所能及的事情，培养宝宝的独立性；⑤经常用肯定、鼓励性语言帮助宝宝树立信心；⑥经常让宝宝参加体育锻炼，增强体质，提高宝宝的适应能力和应变能力；⑦多创造宝宝与陌生小朋友谈话、玩耍的机会，当宝宝融入其中后，家长要适时放手，让其自行处理伙伴之间的关系；⑧多带宝宝参加户外活动，接触不同的环境，提高宝宝适应新环境的能力。

8. 怎样对待宝宝撒谎？

幼儿期的宝宝由于认知发展水平较低且想象力活跃，在思维、记忆、想象、判断等方面常出现与事实不相符的情况，表现为夸大事实或混淆假想与真实世界。因此，对于幼儿期宝宝的偶尔说谎家长不必紧张，不要给宝宝随意贴上爱说谎的标签。如果宝宝经常说谎，家长应注意以下几点：①主动了解宝宝说谎的原因，有针对性地加以指导；②家长以身作则，树立良好榜样，不对宝宝撒谎，做不到的事情不要轻易许诺，许下的承诺就要兑现，不能敷衍宝宝；③提高对宝宝的关注，增加亲子交流，让宝宝愿意在父母面前讲真话；④及时原谅宝宝的错误，帮助宝宝改正不良的行为；⑤不要当着众人的面批评宝宝，要保护宝宝的自尊心；⑥不指责和威胁宝宝，避免宝宝更多地说谎。

9. 宝宝交叉擦腿怎么办？

幼儿有时会出现两腿夹紧摩擦会阴的动作，称为交叉擦腿综合征。发作时幼儿通过擦腿或反复用手摩擦外生殖器引起兴奋，表现为面部潮红、双眼凝视、肌肉紧张、大汗等，多于睡前、醒后发作。发作时神志清楚，可被制止。多见于 1 周岁后，在幼儿期至学龄前比较明显，上学后多数消失，至青春期后又明显增加。原因不清，可能与会阴局部炎症、过敏等刺激有关。防治方法：①寻找并去除局部刺激因素，如会阴部湿疹、裤子太紧等，平时要注意勤洗内裤，穿宽松的裤子；②合理安排每日生活，多跟宝宝互动玩耍，增加户外活动时间，减少宝宝独处无聊的时间，待宝宝困倦后再让她上床睡觉，醒后让她尽快起床；③发作时家长可以将其腿轻轻分开，转移注意力终止发作，切勿大声训斥、殴打。

10. 宝宝口吃怎么办？

口吃俗称“结巴”，是一种节律异常的言语障碍，表现为说话时非自愿地重复、停顿、拖长、发辅音困难等。通常认为与发音器官紧张或言语功能不成熟有关，也与遗传、神经心理发育、精神、模仿等多种因素相关。需要注意以下几点：①对于 2 ~ 4 岁发生口吃的轻型患者，一般不需特殊矫正，家长过度关注、指责、取笑会强化口吃；②宝宝口吃有加重趋势，家长应积极消除环境中导致宝宝紧张的因素；③让宝宝减慢语速、降低音量、平静轻柔地说话；④多让宝宝练习朗诵、唱歌等，加强节律训练；⑤注意发展其语言表达能力，多可自愈；⑥对于年长儿童及重症患者则必须进行语言训练。

11. 宝宝不说话怎么办？

宝宝在语言表达上的能力发展存在较大的个体差异，一般超过 6 个月以上的差异就要考虑存在语言发育迟缓的问题。语言发育迟缓的原因分为病理性和生理性。病理性常见的因素包括听力障碍、中枢神经系统疾病、脑瘫、孤独症等；生理性因素主要为养育者话少、语速快、宝宝缺乏适宜模仿对象等。如果宝宝存在语言发育迟缓，家长应带宝宝到专业机构进行评估，排除听力障碍、精神发育迟滞、孤独症、发音器官疾病等问题。同时要为宝宝提供语言环境支持，做到：①注意与宝宝保持共同关注，大人的注意力始终与宝宝保持一致；②平时给予宝宝丰富的语言环境，多跟宝宝游戏互动；③多进行亲子阅读，多听儿歌、讲故事；④宝宝偶尔说出一个字，要及时鼓励肯定；⑤多创造宝宝与小伙伴玩耍交流的机会，让宝宝在互动中慢慢学习；⑥控制电子产品、电视等屏幕时间。

附录

辅食添加进程

年龄阶段		6 个月	7 ~ 9 个月	10 ~ 12 个月	13 ~ 24 个月
食物质地		泥糊状	泥状、碎末状	碎块状、指状	条状、球块状
辅食餐次		每天 1 ~ 2 次	每天 2 次，每次 2/3 碗	每天 2 ~ 3 次，每次 3/4 碗	每天 3 次，每次 1 碗
食物种类及数量（每日）	乳类	4 ~ 6 次，800 ~ 1000 mL	3 ~ 4 次，700 ~ 800 mL	2 ~ 4 次，600 ~ 700 mL	2 次，400 ~ 600 mL
	谷薯类	含铁米粉 1 ~ 2 勺	含铁米粉、粥、烂面、米饭等 3 ~ 8 勺	面条、米饭、小馒头、面包等 1/2 ~ 3/4 碗	各种家常谷类食物 3/4 至 1 碗多
	蔬菜类	菜泥 1 ~ 2 勺	烂菜 / 细碎菜 1/3 碗	碎菜 1/2 碗	各种蔬菜 1/2 ~ 2/3 碗
	水果类	水果泥 1 ~ 2 勺	水果泥 / 细碎状 1/3 碗	水果小块 / 条 1/2 碗	各种水果 1/2 ~ 2/3 碗
	动物类豆类	--	蛋黄、肉、禽、鱼、豆腐等 3 ~ 4 勺	蛋黄、肉、禽、鱼、豆腐等 4 ~ 6 勺	鸡蛋、肉、禽、鱼、豆制品等 6 ~ 8 勺
	油盐	--	植物油0 ~ 10g，不加盐	植物油0 ~ 10g，不加盐	植物油5 ~ 15g，盐 <1.5 g

注：1 勺 =10 mL；1 碗 =250 mL（小饭碗，口径 10 cm，高 5 cm）

语言发育迟缓筛查标准

<table>
<tr><th></th><th>24 个月（词汇量）</th><th>30 个月（短语结构）</th></tr>
<tr><td>异常</td><td>＜ 30</td><td>男＜ 3 种，女＜ 5 种</td></tr>
<tr><td>可疑</td><td>＜ 50</td><td>男＜ 5 种，女＜ 8 种</td></tr>
<tr><td>语言发育迟缓</td><td>＜ 50 或无短语</td><td rowspan="2">国外的标准</td></tr>
<tr><td>语言障碍</td><td>＜ 30 或无短语</td></tr>
</table>